이 책은

KB139029

글 **마이클 홀랜드**
작가, 자연 교육자, 사진사, 정원사입니다. 그리고 전 영국 첼시 피직 가든의 교육 책임자로 일했습니다.
"내 안에 씨앗을 심어 준 아빠 던 샌더스, 엄마 안나 르윙턴에게 감사드린다. 씨앗이 자라도록 도와준
큐 왕립식물원, 첼시 피직 가든에도 감사드린다. 꽃이 피는 것을 보아준 캐런, 세레나, 그리고 친구들에게도
감사드린다. 그리고 자연, 혹시 듣고 있다면, 너에게도 감사를!"

그림 **필립 조르다노**
일러스트레이터입니다. 이탈리아 밀라노에 위치한 브레라 아카데미와 IED(Istituto Europeo di Design)를
거쳐 이탈리아 토리노에서 애니메이션으로 석사 학위를 받았습니다.
"나의 소중한 꽃, 니나(Nina)와 레오(Leo)에게."

옮김 **하미나**
매일 읽고 씁니다. 아직은 지어낸 이야기보다 세상에 늘 존재했지만 들리지 않던 이야기를 전하는
것을 좋아합니다. 서울대학교 지구환경과학과를 졸업했고, 같은 학교 과학사 및 과학철학 협동과정에서
과학사를 공부했습니다. 글쓰기 모임 '하마글방'의 글방지기입니다.

우리는 아침으로
햇빛을 먹어요!

2020년 11월 12일 초판 1쇄 인쇄
2020년 11월 30일 초판 1쇄 발행

지은이   마이클 홀랜드
그린이   필립 조르다노
옮긴이   하미나
펴낸이   김상미, 이재민

편집   서현미
디자인   나비

종이   다올페이퍼
인쇄   청아문화사
제본   신안제책

펴낸곳   너머학교
주소   서울시 서대문구 증가로20길 3–12 1층
전화   02)336–5131, 335–3366, 팩스 02)335–5848
등록번호 제313–2009–234호

ISBN   978-89-94407-84-5 64400
         978-89-94407-83-8 64400(세트)

I ATE SUNSHINE FOR BREAKFAST

Text ⓒ Michael Holland 2020
Illustrations ⓒ Philip Giordano 2020
Originally published in the English Language as 『I Ate Sunshine for Breakfast』ⓒ Flying Eye Books 2020
Korean translation copyright ⓒ Nermerbooks 2020
This Korean edition published by arrangement with Flying Eye Books through JMCA

www.nermerbooks.com
너머북스와 너머학교는 좋은 서가와 학교를 꿈꾸는 출판사입니다.

자연은
우리의
집 1

식물의 거의 모든 것

우리는 아침으로
햇빛을 먹어요!

마이클 홀랜드 글 | 필립 조르다노 그림 | 하미나 옮김

너머학교

차례

1부 식물에 관한 모든 것

식물이 왜 중요할까요? 10

식물이란? 12

식물의 부분들 14

잎· 영양분 공장 16

식물 놀이터 식물 미로를 만들어 보자 18

꽃의 힘 20

꽃의 부분들 22

수분이란? 24

식물 놀이터 페트병으로 잡초 정원을 만들자 26

식물의 탄생 28

이리저리 씨앗이 퍼져요 30

식물 놀이터 도토리를 가지고 놀자 32

살아 있는 화석 34

2부 식물의 세계

식물의 왕국 38

행복한 식물 가족들 40

식물 놀이터 옥수수 가루로 슬라임을 만들자 42

진화 44

환경에 맞게 적응해요! 46

뜨겁고 건조한 환경에서 살아남기 48

정글에서 살아남기 50

수중 세계 52

식물의 생존 비결 54

식물 놀이터 상록수 열리기 56

왜 식물에는 독이 있을까? 58

먹이 사슬과 먹이 그물 60

함정이다! 62

3부 아침부터 밤까지

나는 아침으로 햇빛을 먹었어. 그리고 너도! 66

식물 주스 68

치카치카할 시간 70

청소를 해요! 72

식물 놀이터 책꽂이 생명 프로젝트 74

옷을 갈아입어요! 76

새콤달콤한 냄새 78

알록달록한 세상 80

식물 놀이터 잎으로 도장을 만들자 82

집을 식물로 84

연필과 종이 86

악단이 연주를 시작해요! 88

식물 놀이터 풀피리를 만들자 90

운동할 시간 92

식물 놀이터 콩 주머니로 공놀이하기 94

4부 식물은 능력자

식물 기술은 똑똑해 98

식물 놀이터 감자 발전소 100

사냥하고 싸우고 102

식물 놀이터 투명 잉크를 만들자 104

초록으로 치료하기 106

식물로 말해요 108

자, 떠나자! 110

환경이 오염된다면? 112

함께 지구를 지켜요 114

식물 놀이터 우리 동네의 살아 있는 상징물 116

미래는 푸르다 118

식물 시상식 120

| 용어 사전 122   옮긴이의 말 124 |

1부

식물에 관한 모든 것

식물은 이 세상에 반드시 있어야 해요. 식물이 없다면 어떤 생명체도 살아남을 수 없어요. 이 책은 식물이 어떻게 자라나고 어떻게 화석이 되는지, 그리고 그사이 이파리 무성한 이웃에게 어떤 일이 일어나는지 알려 줄 거예요. 지구에 사는 40만 종 이상의 식물들, 이 놀라운 생명체를 알아보아요.

식물이
왜 중요할까요?

매일매일, 온갖 방법으로 우리는 식물을
사용해요. 음식부터 자동차, 약, 옷까지
식물이 없으면 살아갈 수 없지요.

이 책도 식물로 만들어졌어요. 그것도 여러
종류의 식물로요! 겉표지와 속지는 자작나무와
소나무를 가공한 펄프로 만든 종이이고,
글자와 그림은 콩과 아마인유가 든
잉크로 인쇄했어요.
식물은 우리 삶 속에 깊숙이 들어와 있어요.
지구에는 42만 8,000종의 식물이 자라는데,
그중 3만 4,000종이 우리에게 이로움을 준대요.
식물과 식물의 쓰임새를 연구하며 여러 해를
보내는 사람들이 많아요. 이러한 과학 연구를
민족식물학이라고 부르지요.
이 책을 읽으며 식물이란 무엇인지, 어떻게
살아가는지, 그리고 날마다 식물을 이용하는
독창적인 방식에 대해 배울 거예요.
여러분 스스로 해 볼 수 있는 다양하고
멋진 식물 실험과 함께요.

콩(혹은 대두)

소나무

자작나무

아마

식물은 이름이 여러 개예요. 보통 우리가
부르는 이름인 속명과 과학적인 이름인
학명이 있어요. 학명은 이탤릭체로 표기
하는데, 전 세계 사람들이 공통으로 쓰는
이름이에요. 식물의 '속'을 알려 주는 이름
은 성씨처럼 맨 앞에 오고, 식물의 '종'을
알려 주는 이름은 성 뒤에 나오는 이름
처럼 그 뒤에 와요. 이렇게요.
자작나무(*Betula pendula*)

식물이란?

식물은 늘 같은 장소에서 자라요. 식물의 세계는 정말 다양해요. 현미경으로만 볼 수 있는
조류에서 예쁜 꽃, 그리고 수천 년을 사는 거대한 나무까지 모두 포함해요. 식물은 뿌리로
영양분과 물(H_2O)을 흡수하고 잎으로 이산화탄소(CO_2)를 들이마시면서 살아가요. 또한
태양에너지를 이용한 광합성 과정으로 달콤한 영양분을 만들어 내요. 살아남기 위해서는
산소도 필요하죠. 식물이 만든 영양분을 분해할 때 산소를 사용하는데, 산소는 식물이
잘 자라도록 도와줘요.(16~17쪽을 보세요.) 이러한 과정을 호흡이라고 불러요.

태양의 에너지가 지구에 도착하기까지는 딱 500초가 걸려요. 태양의 중심에 있던 에너지가 태양의 표면에 도달하기까지는 2만 년이라는 엄청난 시간이 걸리고요!

식물의 부분들

식물 각 부분마다 고유의 역할이 있어요. 여기, 양귀비와
양귀비를 구성하는 부분을 자세히 살펴보면 식물이 어떻게
일하는지 알 수 있어요.

잎

작고 납작한 잎에는 아주 작은
엽록체들이 있어요. 엽록체 덕에
잎이 초록빛으로 보여요. 또 잎은
식물이 스스로 영양분을 만들도록
도와줘요. 16~17쪽에서 잎에
대해 더 알아보세요.

줄기

줄기와 대는 유연하고 강해서 식물이
땅 위에 서 있을 수 있게 해요. 또
수송관을 보호하는 역할도 하는데,
이 수송관은 잎에서 나온 달콤한
영양분을 내려보내고 뿌리에서
흡수한 물을 올려 보내는 일을 해요.

뿌리

뿌리는 물과 양분을 찾고 빨아들여요.
그리고 식물을 땅속에 잘 붙들어 맵니다.

꽃
대부분 식물은 특정한 시점에
꽃을 피우고, 씨를 만들어 더
많은 식물을 만들 수 있게
하지요. 20~23쪽에서 꽃에
대해 더 알아보세요.

양귀비

잎: 영양분 공장

전 세계적인 에너지 흐름 망은 우리와 가장 가까운 별, 태양에서부터 시작해요.
지구에 있는 생명은 모두 그 에너지 흐름 망의 일부예요. 식물의 잎은 태양에너지를
붙잡아 영양분으로 바꾸는 놀라운 능력이 있어요. 잎은 광합성이라는 과정을
통해 태양에너지, 물, 광물질, 이산화탄소를 영양분으로 바꿔요.

햇빛 먹기

이 과정은 **엽록소**라는 초록색 물질에서
시작해요. 엽록소는 식물의 잎 속 아주
작은 조직인 '엽록체' 안에 있고요.
엽록소는 햇빛에서 에너지를 흡수한 뒤
당분의 한 종류인 탄수화물로 바꿔요.
흙 속에 있는 광물질과 함께 식물이
성장하는 데 꼭 필요한 거예요.

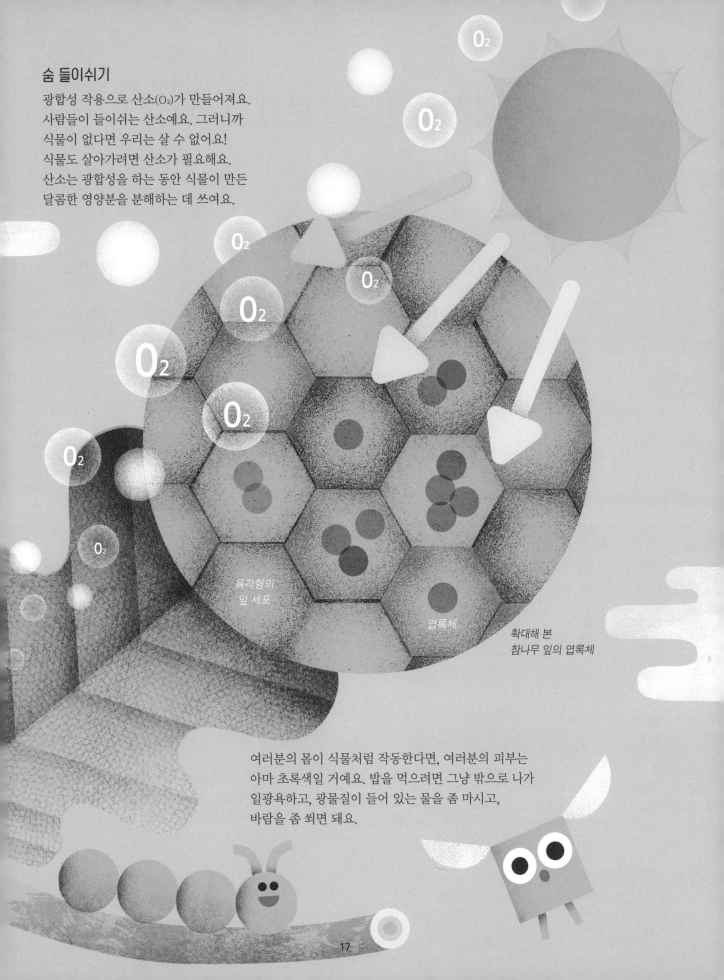

숨 들이쉬기

광합성 작용으로 산소(O_2)가 만들어져요.
사람들이 들이쉬는 산소예요. 그러니까
식물이 없다면 우리는 살 수 없어요!
식물도 살아가려면 산소가 필요해요.
산소는 광합성을 하는 동안 식물이 만든
달콤한 영양분을 분해하는 데 쓰여요.

육각형의
잎 세포

엽록체

확대해 본
참나무 잎의 엽록체

여러분의 몸이 식물처럼 작동한다면, 여러분의 피부는
아마 초록색일 거예요. 밥을 먹으려면 그냥 밖으로 나가
일광욕하고, 광물질이 들어 있는 물을 좀 마시고,
바람을 좀 쐬면 돼요.

식물 놀이터

식물 미로를 만들어 보자

이 활동은 식물이 얼마나 적극적으로 햇빛을 찾는지를 잘 보여 줘요.
일단 씨를 심고 나면, 다음 몇 주 동안 새싹은 빛을 향해서 미로를
빠져나올 거예요. 이 현상을 **굴광성**이라고 해요. 실내면서 햇빛이
많이 드는 창틀이 이 실험을 하기에 좋은 장소예요.

안전 주의 구멍을 만들 때는 어른에게 부탁하세요.

준비물

- ☐ 뚜껑이 있는 커다란 신발 상자
- ☐ 두꺼운 종이
- ☐ 가위
- ☐ 콩 씨앗(강낭콩이 적절)
- ☐ 퇴비가 들어 있는
  지름 9센티미터 화분
- ☐ 작은 화분 받침(아니면 항아리
  뚜껑으로 충분)
- ☐ 강력 테이프

나만의 미로 만들기

1. 신발 상자 한쪽 맨 끝에 구멍을 내요.

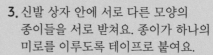

3. 신발 상자 안에 서로 다른 모양의 종이들을 서로 받쳐요. 종이가 하나의 미로를 이루도록 테이프로 붙여요.

2. 신발 상자보다 넓은 종이를 구해요. 상자 안에 들어가도록 단순한 모양으로 잘라요.

5. 신발 상자 뚜껑을 다시 덮고 상자를 창틀에 조심스럽게 가져다 둬요. 몇 주 뒤 상자 구멍으로 푸른 식물이 튀어나올 거예요.

4. 퇴비가 든 화분에 씨앗을 심고 신발 상자 아래쪽에 놓아요.

꽃의 힘

꽃은 식물이 번식할 수 있게 해 줘요. 곤충이나 새는 꽃 가운데에 있는 달콤한 꿀에 관심이 많아요. 화려한 꽃잎은 이것을 알리는 광고판과 같아요. 이러한 생명체들을 **꽃가루매개자**라고 불러요. 꽃잎이 겉모습과 향기로 유혹하면 꽃가루매개자들이 꽃가루를 지니고 이 꽃 저 꽃 옮겨 다니면서 꽃이 씨앗을 만들도록 도와요. 이 과정이 어떻게 이루어지는지 알려면 24~25쪽을 보세요.

서양메꽃

데이지

툴립

디기탈리스

프림로즈

은방울꽃

아티초크

꽃의 부분들

우리는 꽃잎이나 줄기는 잘 알아요. 하지만 꽃을
이루는 부분에 대해서는 알아야 할 게 훨씬 더 많이
있어요. 각 부분은 무슨 일을 할까요?
자, 여기 사과꽃을 자세히 보세요.

꽃밥
꽃가루가
만들어지는
장소예요.

수술
꽃가루를 만들어요.
꽃밥과 수술대로
이루어져 있어요.

수술대
꽃밥과 꽃의
나머지
부분을 이어
줘요.

꽃잎
보통 밝은색이고,
꽃가루매개자를
유혹해서 꽃으로
오게 해요.

꽃턱
꽃자루 끝 꽃이
붙어 있는
곳이에요.

꽃받침
어린 꽃이 피어나기
전까지 보호하고
감싸 주는 바깥쪽
꽃덮이예요.

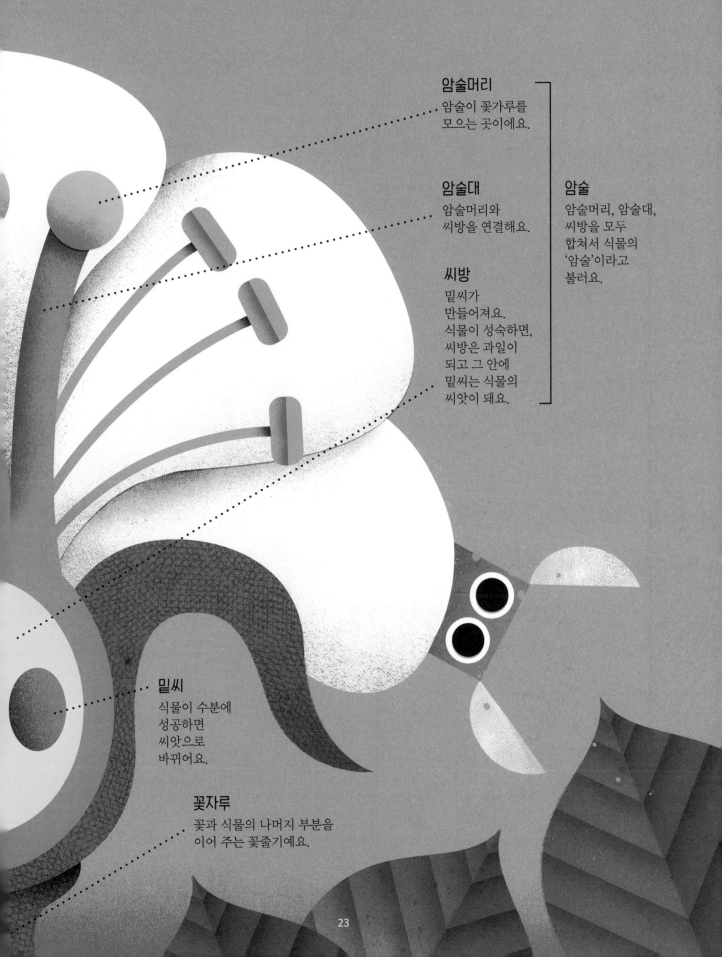

암술머리
암술이 꽃가루를
모으는 곳이에요.

암술대
암술머리와
씨방을 연결해요.

씨방
밑씨가
만들어져요.
식물이 성숙하면,
씨방은 과일이
되고 그 안에
밑씨는 식물의
씨앗이 돼요.

암술
암술머리, 암술대,
씨방을 모두
합쳐서 식물의
'암술'이라고
불러요.

밑씨
식물이 수분에
성공하면
씨앗으로
바뀌어요.

꽃자루
꽃과 식물의 나머지 부분을
이어 주는 꽃줄기예요.

수분이란?

한 식물의 꽃가루가 다른 꽃으로 운반되는 과정이에요. 이 과정을 통해 씨앗이 만들어지고 새로운 식물이 자랄 수 있어요. 가끔 같은 종의 꽃가루가 다른 자매 식물로 옮겨져서 새로운 종이 태어나기도 해요! 이를 타가수분(혹은 딴꽃가루받이)이라고 해요. 과학자들은 이러한 방법으로 향기롭고 색깔이 더 알록달록하며 꽃잎이 더 풍성한 식물을 만들어요. 전혀 다른 새로운 식물을 만들기도 해요. 사람들이 성격과 겉모습이 다른 개를 얻으려고 선택적으로 개를 번식시키는 것과 비슷한 방법이죠.

2. 꽃가루매개자는 한 식물에서 다른 식물로 꽃가루를 옮겨요.

1. 꽃은 꽃가루를 만들어요.

수분 과정

같은 종의 꽃 안 속 암술머리에 꽃가루 알갱이가 숑 착륙하면, 수정할 준비가 된 거예요. 꽃가루는 암술대 안에 긴 꽃가루관을 만들어 씨방으로 내려가요. 씨방은 부풀어 올라 과일이 돼요. 과일은 식물의 종류에 따라서 하나 혹은 여러 개의 씨앗이 생겨요.

5. 씨앗이 새로운 식물로 자랍니다.

4. 씨앗이 준비를 마치면, 엄마 아빠 식물과 떨어져 멀리 여행을 떠나요.

3. 식물이 꽃잎을 떨어뜨려요. 식물 안에 씨앗이 자라요.

바오밥나무 꽃에서
밥을 먹는 박쥐

꽃가루매개자

식물의 수분은 다양한 방법으로 이루어져요.
곤충, 박쥐, 새와 같은 동물에 의한 수분이 제일
유명해요. 동물들이 꽃의 달콤한 꿀을 먹으려고 다가가
식물에 이리저리 부딪히면서 수분이 이루어져요.
또 이 꽃에서 다른 꽃으로 꽃가루를 옮기고 문지르죠.
여름에 꽃과 꽃 사이를 바쁘게 돌아다니며 윙윙대는
바쁜 꿀벌을 본 적 있나요? 벌은 수분을 할 때
정말로 중요해요. 그래서 사과, 토마토, 아몬드,
오이 같은 작물을 기르는 사람들은 수분을 위해
벌을 '고용'하기도 해요.

헬리코니아 꽃에
다가가는 벌새

토마토 꽃을
수분시키는 벌들

페트병으로
잡초 정원을 만들자

잡초는 '잘못된' 장소에서 자라나는 야생식물이에요. 이 말은 잡초가 '올바른' 장소에서 자라는 식물과 경쟁한다는 의미이고, 어떤 식물이든 잡초가 될 수 있다는 것을 의미해요. 잡초의 씨앗은 흙 속에 수년 동안 잠자고 있다가, 딱 맞는 환경이 되면 갑자기 나타날 수 있어요. 운 좋으면 이 실험으로 확인해 볼 수 있어요.

준비물

- ☐ (마트에서 산 것이 아닌) 자연에서 얻은 흙 500밀리리터
- ☐ 2리터, (혹은 더 큰) 깨끗한 페트병 (먼저 따뜻한 물에 적셔서 라벨을 떼어 내요.)
- ☐ (선택 사항) 깔때기나 원뿔 모양의 종이

페트병 정원 만들기

1. 준비한 흙에 작은 동물이 있는지 잘 확인한 뒤,
   페트병에 4분의 1정도 흙을 채워요. 깔때기를
   사용하면 좀 더 편할 거예요. 흙이 너무
   건조하면 물을 조금 넣어서 적셔요.
   이미 축축하다면 물을
   더 넣을 필요는 없어요.

2. 페트병 정원을
   서늘하고 빛이 잘
   드는 곳에 두세요.
   뚜껑을 닫고
   기다려요!

3. 처음에는 흙에 씨앗이 없거나 거의
   없다고 생각할지도 몰라요. 조금만
   참아 봐요. 씨앗이 발아하고 나면
   (28쪽을 보세요.) '텅 빈' 흙 속에 얼마나
   많은 씨앗이 있었는지 놀랄 테니까요.

4. 세 군데 혹은 그 이상의
   서로 다른 곳에서 흙을
   가져와서 무엇이 자라는지
   비교해 봐요. 뭐가 뭔지
   구분할 수 있나요? 서로
   얼마나 다른가요?

식물의 탄생

알맞은 시기 좋은 장소에 건강한 씨앗을 심으면, 씨앗은 식물로 자라나요. 이것을 발아라고 해요. 씨앗에는 발아에 필요한 영양분이 모두 들어 있어요.

씨껍질

씨껍질에서 씨앗이 나와 쪼개지면서 새싹이 나와요.

뿌리에 뿌리털이 생기면서 씨앗을 위로 밀어 올리기 시작해요.

뿌리가 나와 흙 아래로 자라나요.

흙에 씨를 뿌려요.

발아

모든 씨앗은 발아하는 데 필요한 조건이 있어요. 온기, 산소, 습기, 어두움이죠. 그래서 우리는 땅속에 씨앗을 심어요. 씨앗은 주변에 물이 있고 따뜻하면, 자라기 시작해요. 주변 환경에 맞게 적응하기도 해요. 예를 들면, 호주나 남아프리카의 어느 지역에서는 산불이 자주 나요. 이 지역의 식물 중 일부는 발아하는 데 산불을 이용해요. 산불의 열기로 열매가 녹으면 씨앗이 나오기도 하고요. 산불로 인한 연기를 신호로 생각하고 자라기 시작하는 씨앗도 있어요. 산불이 마치 발아할 시간을 알려 주는 알람 시계 같은 거죠! 산사나무 씨앗은 겉껍질이 딱딱해서 뿌리가 이 껍질을 깨고 자라려면 땅속에서 겨울을 두 번 보내야 해요.

세상에서 가장 큰 씨앗

코코드메르는 세상에서 제일 큰 씨앗으로 무게가 22킬로그램까지 나가요. 볼링공 세 개의 무게예요. 코코드메르는 여무는 데 5년이나 걸리고, 인도양에 있는 섬나라 세이셸의 두 섬에서만 자라요.

새싹은 줄기가 되고 잎을 내요. 하나의 식물이 되지요.

코코드메르가 아주 크고 갈색이어서, 어떤 사람들은 코코드메르를 보고 고릴라 엉덩이 같대요!

29

이리저리 씨앗이 퍼져요

만약 씨앗이 엄마 아빠 뿌리 위에 바로 떨어져 자라게 된다면 가족들과 영양분, 햇빛, 물, 공간을 함께 사용해야 해요. 그래서 씨앗은 집을 떠나 멀리 이동하곤 하지요. 식물들은 새로운 장소로 씨앗을 퍼뜨리고 자라기 편안한 곳으로 움직이는 방법을 개발해 왔어요.

민들레

민들레 홀씨

자작나무 열매

자작나무 씨앗

개버즘단풍나무 씨앗

바람을 타고 이동해요!

민들레 홀씨는 작고 하얀 솜털 낙하산처럼 생겼어요. 씨앗이 바깥으로 나갈 준비가 되면 가느다란 흰색 솜털은 씨앗이 바람을 타고 멀리멀리 날아가도록 도와줘요. 수 미터를 가기도 하지만, 수 킬로미터 이상을 가기도 하죠. 이렇게 바람을 타고 날아다니는 씨앗에는 여러 종류가 있어요. 개버즘단풍나무, 물푸레나무, 단풍나무의 씨앗은 헬리콥터 회전날개처럼 생겨서 바람을 타고 빙글빙글 돌아다닐 수 있어요. 자작나무 씨앗도 바람을 타고 날 수 있답니다.

물을 따라 이동해요!

엄청 거대한 씨앗인 코코넛은 바다를 여행해요! 코코넛 바깥의 털은 구명조끼와 같아 코코넛이 둥둥 떠다니게 하고, 짠 바닷물이 속으로 들어오지 못하게 막아요. 어떤 코코넛은 새로운 섬에 도착할 때까지 수백 킬로미터를 돌아다녀요. 열대 해변에 가면 코코넛 씨앗이 자라는 걸 자주 볼 수 있어요.

코코넛

어떤 씨앗은 이 여정에서 살아남지 못해요. 부서지거나, 타 버리거나, 먹히기도 해요. 그래서 식물들은 씨앗을 많이 만들어요. 모두가 식물로 자라서 씨를 뿌릴 수 없으니까요. 그렇다면 씨앗들은 어떤 방법으로 이동할까요? 식물은 분명히 걸을 수 없지만, 식물의 씨앗은 얼마간은 우리랑 비슷한 방식으로 움직여요.

스쿼팅오이

동물과 함께 이동해요!

동물은 돌아다니면서 씨앗을 흩뿌려요. 식물 중 대부분은 씨를 품고 있는 맛있는 열매를 맺어요. 동물이 씨앗을 먹으면, 씨앗은 동물들이 배설할 때까지 동물의 몸 안에 머물러요. 체리나 토마토 안에 있는 씨앗은 겉껍질이 아주 거칠어요. 그래서 땅에 내려와 싹을 틔우려면 딱딱한 씨앗의 겉껍질을 부술 동물의 소화액이 필요해요. 우엉 열매는 다른 방법을 써요. 우엉 열매에는 아주 작은 갈고리들이 뒤덮여 있어요. 그래서 동물의 털에 붙어서 먼 거리를 이동할 수 있죠. 우엉 열매에 영감을 받아 벨크로(찍찍이 테이프)가 만들어졌어요. 생체모방 디자인의 한 예죠.

(73쪽을 보세요.)

우엉 열매

펑 터지며 스스로 이동해요!

어떤 씨앗은 스스로의 힘으로만 움직여요! 음, 약간요. 꼬투리나 삭과(튀는열매)를 가진 식물들이 바싹 마르면 갑자기 쪼개져 열리면서 씨앗이 공중에 발사하듯 튀어 나가요. 씨앗을 터뜨리는 방법이죠. 콩이나 풍년화에 속한 식물 중 배배 꼬인 꼬투리를 가진 식물에서 이런 움직임을 볼 수 있어요. 스쿼팅오이는 씨앗을 6미터나 퍼뜨릴 수 있어요.

식물 놀이터

도토리를 가지고 놀자

이 게임은 마로니에 나무 열매가 많이 떨어지는
가을에 온대 지방에서 하기 딱 좋아요. 도토리를
돌릴 때 조심해야 하는 것 잊지 마세요!

준비물

☐ 신발 끈이나 30센티미터 정도의 긴 실
☐ 마로니에 나무 열매(도토리) 약간
☐ 구멍을 뚫을 때 쓸 송곳
☐ 같이 놀 사람!

🌰 도토리 게임하기

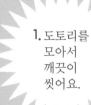

1. 도토리를 모아서 깨끗이 씻어요.

2. 송곳으로 도토리 전체를 통과하는 구멍을 뚫어요.

3. 실이나 신발 끈을 구멍에 넣은 다음 아래쪽에 단단히 매듭을 지어 묶어요.

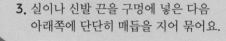

4. 여러분이랑 같이 놀 사람도 1~3단계를 반복해서 똑같은 걸 만들어요.

5. 순서대로 실을 돌려서 상대편의 도토리를 맞춰요. 먼저 상대편의 도토리를 깨는 사람이 이기는 거예요!

안전 주의 도토리에 머리가 맞지 않도록 조심하세요. 너무 세게 돌리지 말고 항상 어깨 아래로 돌리세요.

살아 있는 화석

오늘날 살아 있는 식물 중에는 한때 공룡과 함께 산 적이 있을 만큼 까마득히 오래된 것들이 있어요. 이렇게 살아남은 식물은 꽤 놀라워요.

지금도 예상치 못한 곳에서 고대 식물을 만날 수 있어요. 예를 들어, 액션 영화에서 폭발 장면을 찍을 때 불타는 효과를 위해서 석송을 가루로 만들어 사용해요. 해조류는 부드러운 아이스크림을 꾸덕꾸덕하게 만들 때 쓰고요. 색을 낼 때에는 이끼로 만든 색소를 사용해요. 은행나무나 쇠뜨기를 포함한 많은 식물은 약으로 써요. 자, 여기 생명의 진화 과정 아주 초기부터 지구에 존재해 온 식물들을 더 소개할게요.

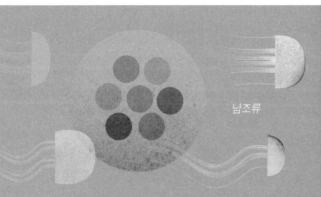

남조류

고대 조류

약 6억 5000만 년 전, 최초의 식물이 나타났어요. 바다에 사는 단세포생물인 남조류는 산소를 내뿜어요. 그래서 지구에 대기가 만들어졌고 더 커다란 생명체가 진화할 수 있었어요. 남조류는 오늘날에도 여전히 산소를 내뿜는, 지구에서 가장 중요한 식물 중 하나예요. 각각은 10분의 1밀리미터 너비밖에 되지 않지만, 빠르게 번식해서 마치 뗏목처럼 수천 킬로미터까지 펼쳐질 수 있어요.

울레미
소나무

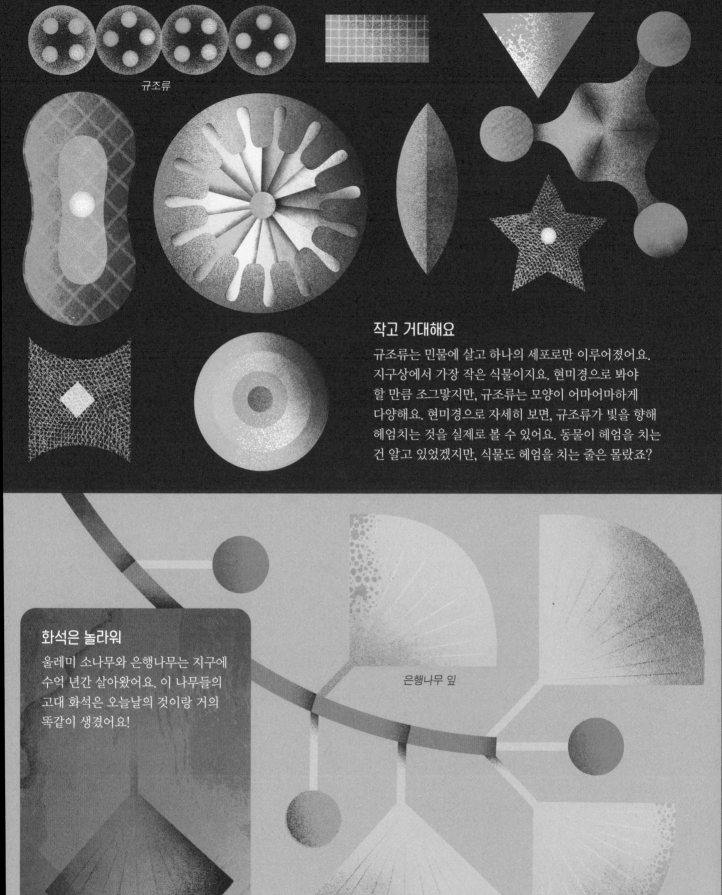

규조류

작고 거대해요

규조류는 민물에 살고 하나의 세포로만 이루어졌어요. 지구상에서 가장 작은 식물이지요. 현미경으로 봐야 할 만큼 조그맣지만, 규조류는 모양이 어마어마하게 다양해요. 현미경으로 자세히 보면, 규조류가 빛을 향해 헤엄치는 것을 실제로 볼 수 있어요. 동물이 헤엄을 치는 건 알고 있었겠지만, 식물도 헤엄을 치는 줄은 몰랐죠?

화석은 놀라워

울레미 소나무와 은행나무는 지구에 수억 년간 살아왔어요. 이 나무들의 고대 화석은 오늘날의 것이랑 거의 똑같이 생겼어요!

은행나무 잎

2부

식물의 세계

식물은 너무 덥거나 춥거나, 바람이 거세거나, 건조
하거나 축축한 곳에서 자라 행복하지 않다고 해도
더 나은 지역으로 걷거나 달리거나 기어갈 수 없어
요. 어떤 종이든 적응하지 못하면 결국 멸종할지도
몰라요. 식물은 아주 극한 환경에서도 살아남기 위
해 진화했어요. 그래서 우리는 사랑스러운 지구 거
의 모든 곳에서 식물을 찾을 수 있죠.
식물은 동물처럼 모양과 크기, 삶의 방식이 아주 다
양하답니다.

식물의 왕국

전 세계 모든 식물은 수백만 년 전 한 종류의 식물에서 처음 생겼어요. 동물이 '진화'(44~45쪽을 보세요.)라는 시행착오 과정을 겪으며 환경에 적응해 온 것처럼 식물도 자신을 둘러싼 환경에 알맞게 성장해 왔어요.

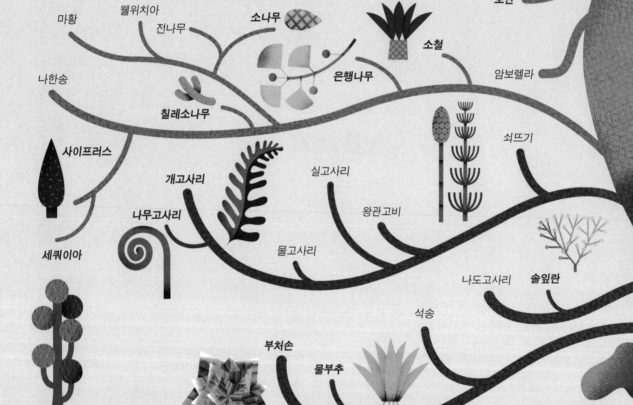

얌

토란

마황

웰위치아

전나무

소나무

소철

나한송

암보렐라

칠레소나무

은행나무

사이프러스

쇠뜨기

개고사리

실고사리

나무고사리

왕관고비

세쿼이아

물고사리

솔잎란

나도고사리

부처손

석송

물부추

참이끼

우산이끼

식물 가계도

두 식물이 가까울수록 서로 더 가까운 관계예요. 예를 들면 민트와 토마토는 수련보다 더 가까운 관계예요. 진화의 '나무' 아래쪽에 있는 식물은 위쪽에 있는 식물보다 더 초기에 진화한 거예요.

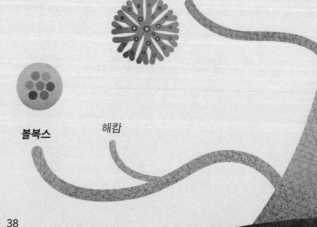

볼복스

해캄

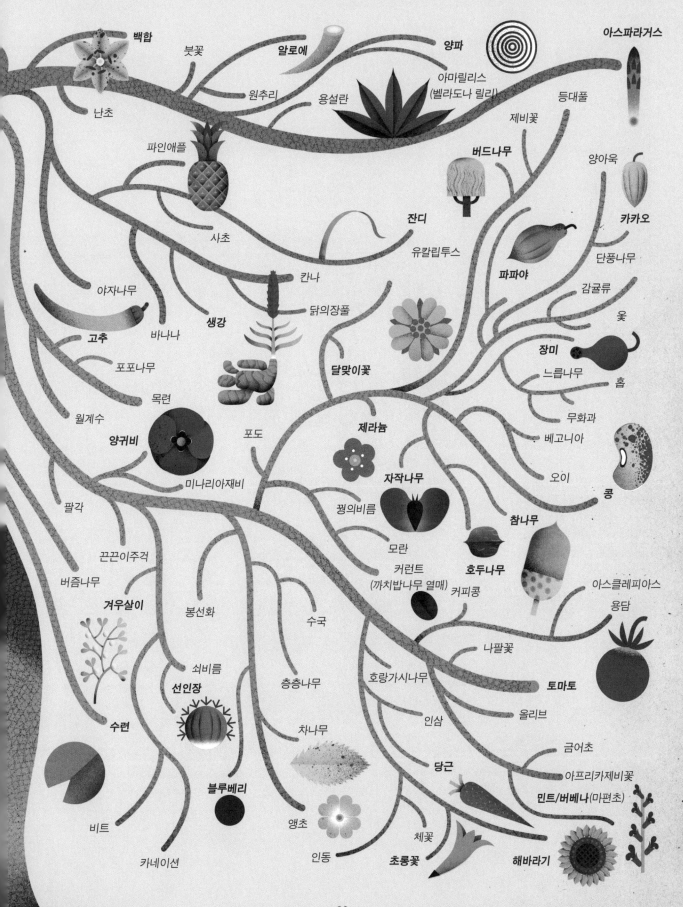

백합
붓꽃
알로에
양파
아스파라거스
난초
원추리
용설란
아마릴리스
(벨라도나 릴리)
등대풀
제비꽃
파인애플
버드나무
양아욱
카카오
잔디
사초
유칼립투스
파파야
단풍나무
칸나
감귤류
야자나무
생강
닭의장풀
옻
고추
바나나
장미
포포나무
달맞이꽃
느릅나무
홉
목련
무화과
월계수
제라늄
베고니아
양귀비
포도
자작나무
오이
콩
미나리아재비
꿩의비름
참나무
팔각
모란
호두나무
끈끈이주걱
커런트
(까치밥나무 열매)
커피콩
아스클레피아스
버즘나무
용담
겨우살이
봉선화
수국
나팔꽃
쇠비름
층층나무
호랑가시나무
토마토
선인장
차나무
인삼
올리브
수련
금어초
당근
아프리카제비꽃
블루베리
민트/버베나(마편초)
비트
앵초
체꽃
카네이션
인동
초롱꽃
해바라기

행복한 식물 가족들

분류학자는 생물을 그룹으로 나누어 구분하는 과학자예요. 분류학자들은
비슷한 식물을 서로 가족으로 묶어 구분해요. 일상에서 매일 사용하고 친숙한
식물이지만 서로 가까운 친척인지는 몰랐던 식물들을 소개합니다.

장미 가족

장미 가족(장미과)에는
장미, 사과, 배, 복숭아,
자두, 천도복숭아,
아몬드, 딸기, 야생자두,
라즈베리, 모과, 체리,
살구 등이 있어요.

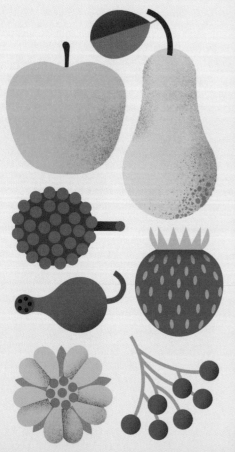

박하 가족

박하 가족(꿀풀과)에는
박하, 바질, 로즈마리,
타임, 레몬밤, 마조람,
오레가노, 라벤더 같은
친구들이 있어요.

감자 가족

감자 가족(가지과)에는 감자, 토마토,
가지, 담배, 벨라도나, 사리풀,
맨드레이크, 고추 등이 있어요.

오이 가족

오이 가족(박과)에는 오이,
애호박, 피클오이, 멜론,
땅콩호박, 국수호박,
수세미오이, 늙은 호박,
들호박 등이 있어요.

콩 가족

콩 가족(콩과)에는 강낭콩,
깍지콩, 대두, 누에콩,
흰강낭콩, 완두콩, 땅콩,
렌틸콩, 타마린드 등이
있어요.

풀 가족

풀 가족(벼과)에는 잔디,
사탕수수, 벼, 귀리, 밀,
보리, 곡물 등이 있어요.
풀 가족의 또 다른
사촌으로는 옥수수가
있어요.

옥수수 가루로 슬라임을 만들자

옥수수는 풀 가족 중에서도 가장 다재다능해요. 이번 활동에서는 옥수수를 이용해 신기한 슬라임을 만들어 볼 거예요. 옥수수 가루로 만든 슬라임은 일반적인 법칙을 따르지 않는 독특한 종류의 유체랍니다.

준비물

- ☐ 고운 옥수수 가루 약간(250그램)
- ☐ 물(300밀리리터)
- ☐ 식용 색소 약간
- ☐ 나무 숟가락
- ☐ 우묵한 그릇

천연 식용 색소

강황 = 노란색

비트 가루 = 보라색

시금치 가루 = 초록색

안전 주의 혹시 천식이 있다면 옥수수 가루를 부을 때 마스크를 꼭 쓰세요. 옥수수 가루 먼지가 폐를 간지럽힐 수 있거든요.

나만의 슬라임 만들기

2. 옥수수 가루가 커스터드 크림처럼 될 때까지 그릇에 물을 조금씩 따르면서 저어요.

1. 우묵한 그릇에 고운 옥수수 가루를 부어요.

3. 액체로 된 식용 색소를 15방울 정도 떨어뜨려요. 천연 식용 색소를 사용해도 좋아요. 그리고 섞어요.

4. 이렇게 만든 혼합물을 주먹으로 탁탁 치면, 슬라임이 딱딱해져요. 왜냐하면 슬라임은 특별한 종류의 유체이기 때문이에요. 슬라임은 압력을 가할수록 점성이 더 높아져요.

5. 공기가 통하지 않는 통에 넣어 냉장고에 보관하세요. 여러분이 만든 천연 슬라임을 좀 더 오래 보관할 수 있어요.

진화

우리를 포함해 지구에 살아가는 모든 동물과 마찬가지로 식물도 여러 환경에서
살아남으려고 그들만의 생존법을 만들어 냈어요. 서로 다른 모양과 크기를 만들면서요.
이러한 다양성은 진화라는 느린 과정으로 만들어졌어요.

찰스 다윈

'자연선택에 의한 진화' 이론은 19세기
박물학자 찰스 다윈에 의해서 처음
대중에게 관심을 얻었지요. 진화는
유기체(생물)가 그들의 모습과 행동을
세대에 걸쳐 변화시켜 가는 과정을
말해요. 유기체는 이러한 변화를
부모님에게 물려받아요. 예를 들어
여러분이 엄마 아빠의 머리카락 색과
눈동자 색을 물려받은 것처럼요. 다윈은
지구에 있는 다양한 생명에 홀딱 사랑에
빠져서, 식충식물에서 지렁이까지
모든 동식물을 공부했어요.

새의 두뇌

1835년 태평양에 있는 갈라파고스제도에 갔을 때, 다윈은 핀치의
부리 모양과 크기를 연구했어요. 다윈은 핀치의 부리가 모두 똑같은
종에서 서로 다른 먹이를 먹으려고 적합한 모양으로 적응했다는 이론을
세웠어요. 핀치는 곤충을 먹는 친구부터, 딱딱한 호두를 깨 먹는 친구,
꽃을 먹는 친구, 심지어 도구를 사용하는 친구까지 정말 다양했어요.
어떤 핀치는 우리랑 똑같이 식물로 만든 도구를 사용하기도 했어요.

딱따구리핀치는
나뭇가지를
사용해 곤충을
쪼아 먹어요.

공통 조상

워블러핀치는
가느다란 부리가
있어 곤충을
잡아챌 수 있어요.

자그마한 핀치는
작은 씨앗과
식물을 먹어요.

커다란 핀치는
부리가 튼튼해
커다란 씨앗도 잘게
부술 수 있어요.

나무에 사는
채식주의자
핀치는 잎과
과일을 먹어요.

환경에 맞게 적응해요!

식물은 빛을 충분히 못 받거나, 너무 건조하거나, 질병에 걸리거나, 다른 동물에게 먹히면 죽게 돼요. 식물은 씨앗을 만들 때까지 살 수 있도록 진화하며 주변 환경에 맞게 적응해 갔어요. 이렇게 적응한 결과를 씨앗을 통해 자식 세대에게 전해 줘요.

2억 5000만 년 전 풍경

속새류는 처음으로
육지로 올라와 진화한 식물이에요.

46

생존

수백만 년 전에는 가까스로 생식에 성공한 생물만이 자신의 특성을 다음 세대에 물려주었어요. 환경에 적합하지 않은 다른 생명은 죽고 말았지요. 환경에서 벌어지는 모든 변화는 항상 생명체에게 새로운 도전이에요. 이 때문에 서로 다른 다양한 형태의 생명이 죽거나 살아남지요. 이렇게 생명은 아주 단순한 단세포식물에서 정말 다양한 모습의 동물들까지 변화해 갔어요. 화석 기록과 오늘날 우리 주변의 동식물의 모습을 통해서 그걸 확인할 수 있지요.

2억 5200만 년 전, 대멸종이라는 사건으로 지구상에 있는 생물 중 90~95퍼센트가 전멸했어요. 화산재가 태양 빛을 가리면서 일어난 결과였지요. 어떻게 그랬는지는 알 수 없지만 꽃 피는 식물(현화식물)의 조상을 포함한 몇몇 식물은 대멸종에서 살아남았어요.

뜨겁고 건조한 환경에서 살아남기

일 년에 비가 25센티미터 이하로 내리는 사막에서 살아남으려면, 식물은 아주 적은 물로도 잘 자랄 수 있거나 물을 잘 저장할 수 있어야 해요. 다육식물은 잎이나 줄기에 물을 흠뻑 빨아들여서 저장하는데, 다육식물 중 일부는 물 한 방울도 마시지 않고 100일 동안 살아남을 수 있어요.

용설란

가시 돋친 손님들

다육식물 중에는 선인장이 가장 유명해요. 선인장은 북미와 중남미에서 왔지요. 선인장은 줄기가 두껍고 통통한 초록색인데 줄기에 물이 가득 차 있어요. 잎은 쪼그라들어 뾰족뾰족한 가시가 되었어요. 보통 흰색인 가시들이 빽빽하게 선인장을 뒤덮고 있어서 천연 선크림처럼 햇빛을 반사하고 시원하게 식혀 주고 소중한 물을 지켜·줘요.

깊이깊이 뿌리를 내려보내요!

아주 적은 양의 물로도 살아남을 수 있는 방법이 있어요. 다른 식물보다 훨씬 더 깊이깊이 뿌리를 아래로 내려보내서 지하수를 찾는 거예요. 사막에 사는 어떤 식물은 뿌리가 50미터나 된대요. 뿌리를 깊이 내릴 뿐 아니라 표면에 가까이 넓게 펼치기도 해요. 혹시나 비가 오면 가능한 한 많이 물을 잡아채서 저장해 두기 위해서예요.

밤공기

식물은 이산화탄소를 마시고 싶을 때마다 기공이라는 구멍을 열어야 해요. 엄청 더운 곳에서는 구멍을 열 때마다 소중한 수분을 잃을 위험이 있겠죠. 그래서 사막에 사는 식물 대다수는 밤에 숨을 들이마셔 이산화탄소를 저장해 두고 다음 날 광합성을 할 때 사용해요. 1분 동안 입을 크게 벌리고 숨을 쉬어 봐요. 입안이 얼마나 건조해지는지 알 수 있을 거예요.

변경주
선인장

시원한 그늘을 찾아요!

사막에서 시원하게 지내는 방법 중 하나는 키 큰 식물의 그림자 밑에서 지내는 거예요. 이렇게 그림자를 만들어 주는 고마운 식물을 '보모 식물'이라고 불러요. 북반구에서는 한 식물의 북쪽에 있는 식물이 햇빛을 덜 받아요. 즉 강렬한 자외선을 피할 수 있는 좋은 장소가 생기는 쪽인 거죠.

사막에 사는 사람들은 살아남기 위해 뿌리가 깊숙이 뻗은 식물을 이용해 지하수를 찾아내요. 또한 통통한 덩이줄기 식물을 심은 뒤 나중에 이 식물을 파내서 과즙을 짜내기도 해요.

부활초가 건조할 때(왼쪽)
수분을 머금었을 때(아래)

좀비 식물

덥고 건조할 때는 수년간 바짝 마른 상태로 죽은 듯이 있다가 비가 내리자마자 수분을 흠뻑 머금고 활기를 띠며 부활하는 식물이 있어요. 이들 중 대다수는 수일, 혹은 수 시간 안에 꽃을 피우고 씨앗을 만들어요. 안산수 혹은 부활초가 대표 식물이에요. 물이 담긴 받침에 두면 빠르게 몸을 펼쳐요.

정글에서 살아남기

정글에서는 날씨가 늘 따뜻하고, 비도 자주 오고, 햇빛도 일정하게 내리쬐기 때문에 식물이 정말 힘차게 쑥쑥 자라요. 지구에서 가장 다양한 생물이 자라는 생태계로 진화했지요. 열대우림은 새로운 음식과

사회적 등반가

식물들끼리 빛, 물, 공간을 얻으려고 경쟁을 한다면 어떻게 될까요? 어떤 식물은 다른 식물 위에 자라거나 (착생식물), 다른 식물을 올라타며(덩굴식물) 자라기도 해요. 착생식물은 뿌리로 나무를 꼭 붙잡고 매달려서 공기 중에 수분을 섭취해요. 덩굴식물은 키가 큰 나무 주변을 둘러싸면서 햇빛을 향해 뻗어 가요.

특별한 잎들

비가 아주 많이 내리는 지역에서 사는 식물은 비 때문에 어려움이 있어요. 잎이 너무 축축하면 곰팡이가 필 수도 있어요. 빗방울이 잎에 너무 오래 매달려 있으면 햇빛이 비칠 때 빗방울이 돋보기 역할을 해서 잎을 태워 버릴지도 몰라요. 이런 일을 막기 위해서 어떤 식물은 이리저리 방향을 바꾸어 물이 흐르도록 잎을 디자인했어요. 또 잎이 왁스를 바른 듯 매끈매끈하고요. 잎 중앙에서 잎끝의 뾰족한 부분까지 물방울이 잘 지나갈 수 있는 배수로가 있기도 해요.

의약품을 개발할 수 있는 잠재력이 있는 곳이에요. 그런데 무분별하게 도시와 도로, 자원과 농업을 개발하는 바람에 열대우림이 빠르게 파괴되고 있어요. 우리가 제대로 알기도 전에 중요한 식물자원을 잃고 있는지도 몰라요. 더 늦기 전에 열대우림을 지키고 보호하는 게 정말 중요해요.

어둠 속의 거주자

숲 바닥은 꽤 어두워요. 베고니아처럼 땅바닥 가까이에 사는 식물들은 특별한 요령이 있어요. 바로 붉은빛이나 보랏빛을 띤 밑바닥의 면이 거울과 같은 역할을 한다는 점인데요. 햇빛이 붉은 부분에 반사되어 푸른 잎에 도달하면 식물의 엽록체는 바로 햇빛을 받는 것보다 두 배 더 강한 햇빛을 받을 수 있어요.

베고니아

받침뿌리

열대우림에는 비가 자주 와서 흙이 더 얇고 영양소도 부족해요. 그래서 대다수 식물의 '지지대' 혹은 '기둥' 뿌리가 발달했어요. 이렇게 두껍고 넓은 뿌리는 식물이 쓰러지지 않고 버티게 하고, 흙에서 영양분과 광물질을 충분히 흡수할 수 있도록 도와줘요.

수중 세계

모든 식물은 물에서 시작해 수백만 년을 거치면서 점점 더 형태가 복잡해졌어요.
수중식물은 물에서 자라기 시작한다는 점에서 이미 유리해요. 물은 공기보다 천천히
뜨거워지고 천천히 차가워져요. 그래서 물속에서 살면 육지에서 사는 생물처럼 낮과
밤을 지나며 급격한 온도 변화를 경험하지 않기 때문에 더 안전해요. 물속에서 사는
식물은 잎과 줄기로 자기 주변 물과 광물질을 흡수해요. 뿌리는 식물이 호수, 연못,
강, 바다 바닥에 꼭 붙어 있도록 해 줘요.

물상추

부레옥잠

벗풀

노란 수련

애기미나리아재비

통발

둥둥 떠다니기

햇빛에 있는 붉은색 파장의 빛은 식물에게 아주
유용해요. 그런데 물이 적외선을 차단해서 파란색,
푸른색 파장의 빛만 남겨요. 그래서 수중식물은
(해조류에서 볼 수 있는 것처럼) 기포를 가지거나
줄기에 공기주머니가 있어서 햇빛을 잘 받도록
식물을 물의 표면 가까이에 둥둥 띄운답니다.

식물의 생존 비결

지구의 온대 지방은 열대 지방의 북쪽과 남쪽에 있어요. 온대 지방에는 봄, 여름, 가을, 겨울 사계절이 있지요. 삼림지대, 숲, 들처럼 식물에게 충분한 공간과 빛이 있는 서식지에서도 식물은 더 많은 자원을 얻으려고 몇 가지 요령을 갖고 있어요.

효율적인 배열

해바라기를 비롯한 많은 식물은 기다란 줄기에 전략적으로 잎을 배열해요. 잎이 다른 잎 바로 위에 자라지 않도록 하죠. 그래야 온대 지방의 계절이 바뀌어 낮이 짧아질 때도 충분히 햇빛을 받을 수 있거든요.

초원의 생존자

세계 육지의 약 40퍼센트 정도는 초원이에요. 배 고픈 초식동물들이 계속해서 풀을 뜯어 먹기 때문에, 이곳에 사는 식물들은 풀이 끊임없이 다시 자랄 수 있도록 깊고 넓은 뿌리를 진화시켰어요. 이 식물들은 불이 난 다음에도 다시 자라요! 줄기가 아주 유연해서 바람이 불어도 툭 하고 부러지지 않아요.

해바라기

풀

죽음의 포옹

교살자 무화과나무가 희생양이
될 나무에 붙어 자라기
시작해요. 먼저 뿌리를 땅속
아래로 내려보내고 점점 위로
올라오며 희생양 나무를 감싸며
자라요. 이렇게 해서 나무를
죽게 만들어요. 희생양 나무가
죽고 부패하면, 무화과나무는
죽은 나무가 있던 빈 공간에서
살아가요.

겨우살이

교살자
무화과나무

도둑 식물

실새삼과 겨우살이는 대표적인 기생식물이에요.
기생식물은 다른 식물에 침입해서 숙주식물이
광합성 과정으로 만든 달콤한 영양분을 몰래
훔쳐먹어요. 실새삼은 엽록소도 없고 이리저리
탐험하는 줄기와 뿌리만 있어요.

식물 놀이터 상록수 얼리기

이 멋진 과학 실험은 낙엽수와 상록수가 언제 얼어붙는지 알려 줄 거예요.

낙엽수에는 단풍나무, 참나무, 피나무, 포플러, 너도밤나무가 있어요.

상록수에는 전나무, 소나무, 사이프러스가 있어요.

준비물

- ❏ 잎이 달린 채로 떨어진 낙엽수 가지 2개
- ❏ 잎이 달린 채로 떨어진 상록수 가지 2개
- ❏ 냉장고

나무 얼리기

1. 낙엽수 가지와 상록수 가지를 하나씩 냉장고에 몇 시간 동안 넣어 둬요.

2. 나머지 낙엽수 가지와 상록수 가지를 같은 시간 동안 상온에 아무 데나 둬요.

상록수 잎은 훨씬 억세고 몹시 추운 날씨도 견딜 수 있도록 적응했어요.

3. 냉장고에서 가지를 꺼내 봐요. 뭐가 달라졌나요? 가지가 녹으면 상록수 가지는 그대로이지만, 낙엽수 가지는 조금 달라졌다는 걸 알 수 있어요.

낙엽수 잎이 어두워지고 늘어질 거예요. 낙엽수 잎 속 세포들이 터져서 그래요.

왜 식물에는 독이 있을까?

지구상에는 42만 8,000종의 식물이 있지만, 전문가들은 이 중 5퍼센트만
먹을 수 있대요. 왜 대다수 식물에는 독이 있을까요?

디기탈리스

벨라도나

독미나리

은방울꽃

독으로 보호하기

동물과는 달리 식물은 공격받았을
때 뛰어서 도망갈 수 없어요. 그래서
식물은 먹기 어렵거나 먹어도
즐겁지 않도록 뾰족한 침이나 털을
가지고 있기도 해요. 대부분 식물은
보이지 않는 방법으로 스스로를
보호해요. 쓴맛, 매운맛, 신맛을
내거나 누군가를 죽일 수도 있는
화학물질로요!

더 맛있게, 더 영양가 있게

먹을 수 있는 식물은 보통 안전하고 배탈도 안 나요. 그렇다고 모두 맛있지는 않답니다! 시장에서 살 수 있는 음식은 수천 년간 농부들이 우리 몸에 맞게 맛 좋고 영양분이 풍부하도록 농작물을 선택해 키운 거예요. 오래전 우리 조상들은 지금의 우리가 먹는 식물의 야생 친척을 먹었을 텐데요. 지금처럼 맛있지는 않았겠지요?

고대 멕시코 농부들은 수천 년 동안 더 맛있는 옥수수를 골라냈어요. 시간이 흐르면서 옥수수는 점점 더 커지고, 알이 꽉 차고, 달콤하고, 맛도 좋아졌지요.

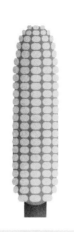

피마자

피마자 종자
(아주까리)

이로울까, 해로울까?

피마자에는 소화를 돕고 습진을 완화하는 이로운 기름이 많아요. 그런데 피마자 씨앗 껍질에는 세계에서 가장 독성이 강한 '리신' 이라는 무서운 화학물질이 있어요. 흔적도 없이 사람을 죽일 수도 있지요. 그러니까 이 식물을 우연히 만나면 꼭 피해야 해요!

59

먹이 사슬과 먹이 그물

인간과 다른 동물들은 태양으로부터
직접 에너지를 얻을 수 없기 때문에
살아남으려면 식물이나 다른 동물을
먹어야 해요. 태양에너지는 먹이 사슬을
따라 흘러요. 식물에서 시작해서
식물을 먹는 친구들, 그리고 고기를
먹는 포식자까지 서로 먹고 먹혀요.
대부분 먹이 사슬은 4단계나 5단계를
넘지 않아요. 단계를 넘을 때마다
우리가 피부를 통해 열을 잃는 것처럼
열에너지나 배설물로 에너지를 조금씩
잃거든요.
여러 개의 먹이 사슬이 함께 있을 때
모두 합쳐져 먹이 그물이 돼요!
이 그림을 잘 보면서 먹이 사슬과 먹이
그물이 어떻게 작동하는지 살펴보아요.

육식동물

초식동물

식물

햇빛

무당벌레

고슴도치

뱀

잠자리

말벌

나방

진딧물

나비

다람쥐

먹이 그물의 각 단계를 '영양 단계'라고 불러요.
'영양(trophic)'이라는 말은 그리스어
trophe에서 왔는데 영양분을 뜻해요.

독수리

여우

참새

딱정벌레

벌새

개구리

쥐

벌

부엉이

메뚜기

애벌레

푸른박새

달팽이

토끼

함정이다!

강어귀나 습지, 늪지에 사는 식물들은 뿌리에서 영양분이 자꾸 씻겨 나가요. 이렇게 빠져
나간 영양분을 보충하기 위해서 곤충을 유혹하고 잡아채는 능력이 특히 발달했어요.
보통 식충식물로 알려졌죠. 식충식물들은 뱀파이어처럼 사냥감을 먹지 않고 마셔요!
식충식물은 움직이는 것(적극 함정)과 움직이지 않는 것(수동 함정)이 있어요.

적극 함정

가장 유명한 적극 함정 식물은 파리지옥이에요.
파리지옥은 책을 펼친 것처럼 잎이 열려 있고
그 안에 달콤한 즙이 있어요. 안에는 아주 예민한
털이 있어서 파리나 다른 곤충이 그 위에 앉으면
식물이 바로 알 수 있죠. 잎 속의 털 덕분에 곤충이
날아가기 전에 얼른 잎을 닫아 가둔 다음 소화액을
분비할 수 있어요.

파리지옥

끈끈이주걱

끈적한 결말

끈끈이주걱은 물방울이 동글동글 맺혀 뒤덮인 듯한
끈끈한 잎이 있어요. 파리가 물인 줄 알고 잎에 앉고
나서야 사실은 물방울이 무척 끈끈하다는 걸 알게 돼요.
파리가 잎에 들러붙어 다시 날아가지 못하고 굶어 죽게
되면 잎은 서서히 파리를 감싸서 빨아 먹어요. 웩!

수동 함정

벌레잡이풀은 빈 아이스크림콘 같은 잎을 가진 수동 함정 식충식물이에요. 잎 위쪽 가장자리에는 달콤한 즙이 있어서 파리나 다른 곤충들이 간식을 먹으려고 쉽게 찾아와요. 사실 이 즙은 달콤한 즙이 아니라 수면제예요. 식물의 가장자리는 매끄럽고 미끌미끌해요. 즙을 먹고 졸음이 쏟아진 벌레는 잎 속으로 미끄러져 떨어져서 밖으로 나올 수 없게 돼요. 잎 안쪽 벽에 아래쪽으로 향하는 털이 많아서 탈출하기 무척 어렵거든요. 심지어 곤충이 빠진 아래에는 소화액이 기다리고 있어요. 먼저 빠진 곤충이 조금씩 잎 속에서 소화되는 동안 다른 곤충이 또 빠지면 모든 곤충이 합쳐져서 맛있고 영양가 많은 곤충 스무디가 되는 셈이죠.

벌레잡이풀

* 3부 *

아침부터 밤까지

아침에 일어나 잠들기 전까지 우리는 식물에게 아주 많이 도움을 받아요. 식물을 먹고 식물을 통해 숨을 쉬는 기본적인 활동부터 여가를 즐기기 위한 활동까지, 자세히 들여다보면 식물에 둘러싸여 있다는 걸 알 수 있어요.

나는 아침으로 햇빛을 먹었어. 그리고 너도!

여러분이 아침을 먹는 동안, 같은 시간 정원에서, 길거리에서, 이웃에서, 심지어는 소파 뒤쪽에서도 식사를 할 거예요. 미생물부터 무척추동물, 작은 포유류와 새들까지 모두 뭔가를 먹어야만 해요.

아침으로 시리얼을 먹는다면 기본적으로 곡식의 씨앗 빻은 것을 먹는 셈이에요. 아마도 옥수수, 밀, 귀리, 쌀, 호밀일 거예요. 대부분은 당분과 사탕수수 혹은 사탕무를 포함하고 있어요.

어쩌면 아침으로 토스트에 잼과 버터를 발라 먹을 수도 있죠. 그렇다면 여러분은 밀(혹은 호밀, 귀리, 보리 등 빵의 종류에 따라 달라요.), 딸기 아니면 라즈베리, 설탕과 기름 등 식물 혹은 동물을 먹은 거예요. 먹이 사슬로 보면 여러분의 아침 식사는 이렇게 볼 수 있어요.

식물 주스

오늘 아침, 식사를 하며 무언가를 마셨나요? 대부분 음료는
식물로 만들어요. 여기 몇 가지 예를 들어 볼게요.

차

사람들은 적어도 5,000년 동안 차를
마셔 왔어요. 세계에서 물 다음으로 가장
사랑받는 음료예요. 터키 사람들은 전
세계에서 차 마시는 것을 가장 좋아해요.
중국에서는 결혼식 날 나이 많은
어르신께 존경의 의미로 차를 대접하면서
미안하다거나 고맙다고 말해요. 차는
몸에도 정말 좋아요. 차에는 항산화제가
있고, 콜레스테롤 수치를 낮춰 주고,
신진대사를 빠르게 해 줘요. 차 종류만
약 1,500가지가 있답니다.

커피

에티오피아에서 전해 내려오는 이야기예요.
염소를 몰던 양치기들이 어느 날 염소 떼가
낯선 씨앗을 먹는 것을 보았어요. 그날 밤
염소들은 에너지가 무척 넘쳤고 잠을 자지
않았지요. 양치기들도 그 씨앗을 직접 먹었더니
똑같은 상황이 벌어졌어요. 그렇게 커피가
태어났지요. 오늘날 아라비카 커피를 비롯한
다른 커피콩 종들은 심하게 인기가 많죠.
왜냐면 카페인 함량이 무척 높아서 우리를
잠에서 깨워 주거든요.

핫초코

카카오 혹은 코코아는 초콜릿의 주재료예요. 3,500년 전에는 옥수수 가루와 향신료를 섞어서 음료처럼 마셨지요. 고대 아즈텍 사람들은 카카오 씨앗을 지혜의 신 케찰코아틀이 준 선물로 여겼어요. 코코아 안에는 우리를 행복하게 해 주는 성분이 들어 있답니다!

주스

주스에는 수많은 영양분을 비롯해 이로움이 정말 많아요. 특히 비타민이 많아서 우리 몸의 면역체계와 세포, 장기를 보호해 줘요. 오렌지, 사과, 포도, 크랜베리, 포도, 토마토 등이 인기가 많지만, 비트, 물냉이, 셀러리처럼 채소를 사용해도 돼요. 파슬리나 생강처럼 허브나 향신료를 추가할 수도 있지요.

치카치카할 시간

치약에는 식물에서 뽑아낸 물질이 많아요. 치약은 대부분 박하 향이 나요. 또한 재료가
서로 잘 섞여 뭉쳐지라고 셀룰로오스검이라는 목재펄프(네, 나무를 잘게 부순 거요.)를 넣어요.
(옥수수 씨앗으로 만든) 옥수수 전분도 똑같은 역할로 쓰여요.

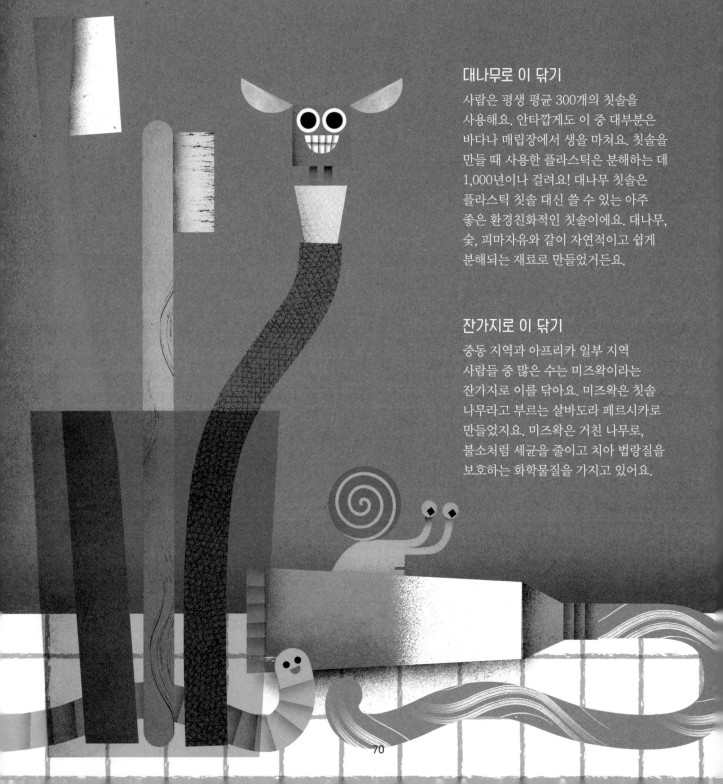

대나무로 이 닦기

사람은 평생 평균 300개의 칫솔을
사용해요. 안타깝게도 이 중 대부분은
바다나 매립장에서 생을 마쳐요. 칫솔을
만들 때 사용한 플라스틱은 분해하는 데
1,000년이나 걸려요! 대나무 칫솔은
플라스틱 칫솔 대신 쓸 수 있는 아주
좋은 환경친화적인 칫솔이에요. 대나무,
숯, 피마자유와 같이 자연적이고 쉽게
분해되는 재료로 만들었거든요.

잔가지로 이 닦기

중동 지역과 아프리카 일부 지역
사람들 중 많은 수는 미즈왁이라는
잔가지로 이를 닦아요. 미즈왁은 칫솔
나무라고 부르는 살바도라 페르시카로
만들었지요. 미즈왁은 거친 나무로,
불소처럼 세균을 줄이고 치아 법랑질을
보호하는 화학물질을 가지고 있어요.

식물 친구들

욕실 거울에 비친 식물 친구들을 보세요. 이름이 뭐예요? 백합, 양귀비, 장미, 아이비, 올리브, 우디, 헤이즐, 데이지, 바이올렛, 재스민 등등 너무 많네요. 여러분은 이런 이름을 가진 친구를 알고 있나요? 혹은 외국 영화나 드라마에서 이런 이름을 들어본 적이 있을지도 모르겠어요.

청소를 해요!

여러분은 설거지할 때 접시를 닦기 위해 플라스틱 수세미를 사용할 거예요.
플라스틱으로 수세미를 만들어 쓰기 전, 사람들은 루스쿠스라는 단단하고
뾰족뾰족해서 문지르기 딱 좋은 식물을 사용했어요. 속새라는 식물도 유용했고요.

루스쿠스

속새 꽃

속새

연잎 효과

불교와 힌두교에서 연꽃은 성스럽고 상징적인 식물이에요. 흙탕물 속에서도 반짝반짝 빛나는 아름다운 분홍색 꽃과 깨끗한 잎을 뽐내며 자라죠. 연꽃에는 미끌미끌한 비밀이 있어요. 바로 연잎이 아주 미세한 혹으로 뒤덮여 있다는 거예요. 이 혹들은 지저분한 진흙이 달라붙지 못하게 하고 진흙이 물방울에 붙어서 데굴데굴 떨어지게 만들죠. 연잎 표면이 늘 깨끗한 이유랍니다!

확대해 본
연잎 위 물방울

과학자들은 연잎을 보고 영감을 받아 유용한 물건을 개발했어요. 건물 바깥에 바르는 쉽게 더러워지지 않는 페인트, 젖지도 않고 뿌옇게 김이 서리지도 않아 차나 헬멧 얼굴 가리개에 쓰는 유리와 플라스틱 같은 거예요. 과학이 자연에 존재하는 것을 따라 한 생체모방의 아주 좋은 예지요.

책꽂이 생명 프로젝트

우리는 다시 쓸 수 있거나 자랄 수 있는 물건을 매일 버려요. 여러분이 먹은 음식에서
씨앗을 모으고, 항아리, 병, 깡통, 빈 상자 등을 이용해서 업사이클 정원을 만들어 봐요.
이 아이디어를 '책꽂이 생명 프로젝트'라고 부를 거예요. 영국 런던의 첼시 피직 가든에서
시작한 이 프로젝트는 전 세계 사람들이 해 볼 수 있도록 만들어졌어요.

나만의 업사이클 정원 꾸미기

감자칩

땅콩

구운 땅콩이 아니라면 기를
수 있어요. 따뜻하게 해 줘야
해요. 또 땅콩이 흙 아래에서
자란다는 것을 기억하세요.
4개월 후에 잘 자라고 있는지
흙 아래를 살펴봐요.

감자

감자칩 봉지를 비우고 모래를 약간
넣은 다음 봉지의 3분의 1 정도만
퇴비를 채워요. 자그마한 감자(혹은
약간의 껍질)를 넣고 봉지 끝까지 흙으로
채워요. 흙을 늘 촉촉하게 해 주고 그
속에서 무슨 일이 벌어지는지 보세요!

생강

신선한 생강 뿌리는 따뜻한
실내에서 쉽게 자라요. 모래가
섞인 퇴비에 생강 뿌리 절반이
드러나도록 심고 물을 줘요. 생강의
뿌리는 옆으로 자라는 걸 좋아하기
때문에 넓은 화분이 필요해요.

준비물

- ☐ 빈 항아리, 병, 감자칩 봉지(가위로 아래쪽에 배수구를 만들어요.)
- ☐ 물 약간
- ☐ 퇴비
- ☐ 랩
- ☐ 다시 심을 수 있는 것은 뭐든지 가능! 아래의 예시를 참고하세요.

화분으로 사용할 통에 모래나 자갈을 채워요. 화분이 넘어지지 않게 해 주고 물이 잘 통하도록 배수구 역할도 한답니다.

안전 주의 양철 깡통 가장자리는 날카로워요. 손으로 잡을 때 조심해요. 안전을 위해서 가장자리를 절연테이프로 둘러싸면 좋아요.

감귤류

항아리에 촉촉한 퇴비를 4분의 3 정도 채워요. 그 위에 레몬, 오렌지, 귤, 포도 씨앗을 올려놓아요. 랩으로 덮은 뒤 따뜻한 곳에 두세요. 몇 주 안에 새싹이 틀림없이 올라올 거예요.

아보카도

아보카도 씨앗을 하룻밤 동안 흠뻑 물에 적셔 둬요. 항아리를 이용해서 아보카도를 깨끗한 물에 절반 정도 담가요. 이쑤시개로 지지대를 만들면 좋아요. 정기적으로 깨끗한 물로 갈아 주고 무슨 일이 일어나는지 보세요.

토마토

토마토 씨앗을 직접 채취하거나 화원에서 구해요. 자라면서 꽤 커질 테니까 방울토마토가 아무래도 좋겠지요. 토마토는 깡통이나 빈 통, 혹은 사용한 토마토소스 캔에서도 잘 자라요!

옷을 갈아입어요!

자, 이제 다 씻었으면 거울을 봐요, 옷 입을 시간이지요? 수천 년 동안 식물이 가진 실 같은 섬유로 옷감을 만들 때 사용했어요. 식물을 수확해서 긴 실로 뽑아낸 다음 천으로 엮은 거지요.
몸을 보호하기 위해서가 아니라 멋 내기 위해서 옷을 입은 건 인류 역사에서 얼마 오래되지 않았어요.
아마의 가느다란 섬유로 리넨이라는 옷감을 만드는데요. 아마는 기원전 3,000년경 이집트에서 파라오를 매장할 때 수의로도 쓰였어요.

향긋한 냄새를 풍기는 라벤더는 미라를 만들 때 미라의 퀴퀴한 냄새를 향기롭게 만들기 위해 쓰였어요. 라벤더는 가벼운 진정제 역할을 해서 사람들이 편히 잘 수 있도록 도와줘요. 라벤더 오일은 가벼운 화상을 진정시킬 때에도 쓰인답니다.

대나무

나무껍질과 대나무

옷감은 꾸지나무나 우간다 무화과(무화과나무속 중 하나) 나무의 껍질로 만들 수 있어요. 대나무로 만든 천은 정말 부드러워요. 그래서 피부가 숨을 쉴 수 있게 해 주고 땀에 젖지도 않아요. 발 냄새가 고약한 사람들이 신는 양말을 만들기 딱이죠!

목화

이 식물의 열매, 혹은 '꼬투리'의 가느다란 실은 아주 긴 하나하나의 세포예요. 면으로는 옷감, 풍선껌, 통장, 종이를 만들어요. 목화의 씨앗은 요리를 하거나 비누, 양초, 마가린, 플라스틱 같은 물건을 만들 때 쓰이지요.

목화

코코넛

코코넛 열매와 다른 야자나무의 섬유로 끈이나 밧줄을 만들 수 있어요. 라피아야자의 잎은 무척 길기 때문에 잎으로 매트, 바구니, 신발, 옷, 모자 등을 만들 수 있어요.

코코넛

쐐기풀

쐐기풀

뾰족뾰족한 쐐기풀과 삼은 둘 다 의약품이나 종이 혹은 옷감을 만들 때 쓰여요.

새콤달콤한 냄새

면으로 된 이불 위에서 일어난 뒤에 여러분은 식물로 만든 비누나 샴푸로 씻기
위해 욕실로 갈 거예요. 비누에 대한 가장 오래된 기록에 따르면 (인류는) 비누를
사포닌이라는 몇몇 식물에서 찾을 수 있는 화학물질로부터 만들었대요.(동물에서도
이 성분을 찾을 수 있어요.) 오늘날 비누에는 대부분 올리브오일이 들어가요.

비누 거품 내기

비누풀과 비누 식물 혹은 유카처럼 어떤
식물은 천연 비누 성분이 있어요. 이 식물을
잘게 썰어 손안에 넣고 거품을 만들 수 있죠.
비누에는 보통 올리브, 코코넛, 마카다미어넛,
아보카도 같은 오일이 들어가요. 피부를
부드럽고 탄력 있게 해 줘요.

비누 식물

비누풀

자극적인 향기

수천 년 동안 인류는 종교적인 의식을 치를 때
유향처럼 향기 나는 나무인 향을 태워 왔어요. 사람들은
꽃을 찧어서 향수를 만들기도 했지요. 향수에 사용되는
에센셜 오일은 무척 비싸요. 장미 오일 1티스푼을 만들기
위해서는 2.5톤의 장미 꽃잎이 필요해요.

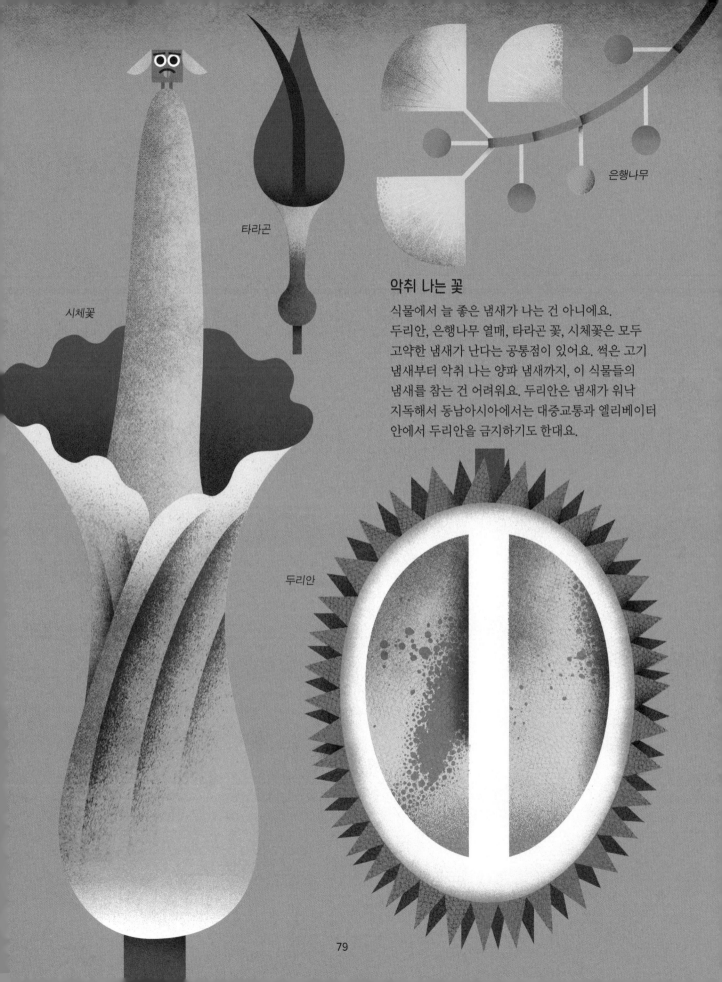

은행나무

타라곤

시체꽃

악취 나는 꽃

식물에서 늘 좋은 냄새가 나는 건 아니에요.
두리안, 은행나무 열매, 타라곤 꽃, 시체꽃은 모두
고약한 냄새가 난다는 공통점이 있어요. 썩은 고기
냄새부터 악취 나는 양파 냄새까지, 이 식물들의
냄새를 참는 건 어려워요. 두리안은 냄새가 워낙
지독해서 동남아시아에서는 대중교통과 엘리베이터
안에서 두리안을 금지하기도 한대요.

두리안

알록달록한 세상

옷, 가방, 커튼, 벽지에 생기 넘치고 선명한 색깔이 전혀 없는 세상을 상상해 봐요.
초기 인류는 대부분 회색이나 갈색을 띤 옷이나 물건을 썼을 거예요. 암석에서
색소를, 식물과 동물에서 천연염료를 발견함으로써 인류의 조상은 우리 눈에
보이는 세상을 새롭게 바꾸었어요.

물감 만들기

18세기에 인공색소가 발명되기 전까지, 모든 물감과 염료는
자연에서 얻었어요. 선사시대부터 인류는 돌과 식물을 갈아서
형형색색의 반죽을 만들어 냈어요. 선명한 푸른색, 강렬한
붉은색, 진한 보라색, 생생한 노란색을 만들었죠. 진한
검은색은 복숭아씨나 체리 씨로 만들 수 있었어요.

똑똑한 예술

유화를 그리던 화가들은 그림을 더 빨리
혹은 느리게 말리기 위해 양귀비, 호두, 잇꽃,
아마인유를 사용했어요. 또한 그림을 다 그리고
나서 광택을 내기 위해서도 썼지요. 감자에서 얻은
전분은 구아슈 물감을 더 부드럽게 만들어요.

표시하기

목탄(숯)은 나무를 태워서 만들어요. 보통
버드나무나 포도나무 가지로 만드는데요.
진하고 어두운 목탄을 만들 수 있을뿐더러
자국이 잘 번져서 '뿌옇게' 효과를 낼 때
좋거든요.

알록달록한 옷

우리는 더 재밌는 옷을 만들기 위해서 합성염료 혹은 천연염료를 이용해 다양한 색으로 옷을 물들여요. 땅비싸리, 대청, 꼭두서니 같은 식물을 사용해서 생기 넘치고 이국적인 파란색, 빨간색, 보라색, 노란색, 초록색 빛깔을 내요. 양파 껍질, 대황, 강황처럼 일상에서 자주 쓰이는 식물로도 염색할 수 있어요.

지금까지 발견된 염색 조각 중에서 가장 오래된 것은 무엇일까요? 바로 조지아 라는 나라의 동굴에서 발견된 아마 섬유 예요. 무려 3만 4,000년 전 것이랍니다.

대청

강황

꼭두서니

대황

로열 블루

인공색소가 발명되기 전까지 가장 선명한 색은 무척 비싸 부자만이 쓸 수 있었죠. 그래서 이 색은 사회적 지위를 나타내는 상징이 되었어요. 1890년대 파란색 염료를 인공적으로 만들 수 있게 되면서 가격이 떨어졌어요. 그전까지 인디고블루 (남색)는 프랑스에서 왕족의 색이라 로열 블루라고도 했어요.

잎으로 도장을 만들자

두꺼운 색종이로 만든 책갈피를 꾸며 보세요. 친구들이나 가족에게
선물로 줘도 좋고, 여러분이 책 속에 하나 끼워 넣어도 좋지요!

준비물

- ☐ 고무장갑 한 쌍
- ☐ 어두운색의 스탬프잉크 한 개 이상
- ☐ 무늬가 없고, 색이 옅은 색종이나
  두꺼운 종이
- ☐ 신선한 잎 약간(요리용 세이지 풀이
  딱 좋지만, 아랫면에 울퉁불퉁한
  잎맥이 있는 잎이면 아무거나
  괜찮아요.)

잎 도장 만들기

1. 장갑을 껴요. 잉크 패드에
준비한 잎을 놓고 그 위에
넓은 종이를 올려요.

2. 잉크가 골고루 발리도록
종이 위를 싹싹 문지르세요.
(종이 아래에 잎이 있는 게
느껴질 거예요.)

4. 위에 다른 종이를
올리고 잉크가
잘 발리도록 다시
문지르세요.

3. 잉크가 묻은 잎을 조심스럽게 찍고
싶은 종이 위에 올려 둬요.

5. 세밀하게 잎이 찍혔을
거예요. 여러 번 찍어서
문양을 만들 수도 있어요!

1만 년 전 일본인들은 집을 보송보송하게
유지하려고 짚을 엮어 초가집을 만들었어요.

카메룬 바카족은 전통적으로 가느다란
나뭇가지를 엮고 그 위에 은공고라는
열대식물의 잎을 덮어서 집을 만들었어요.

철기시대(기원전 1,200년~기원전 600년) 유럽의 집은
참나무처럼 강한 나무로 짓고 풀로 덮어 엮어 만들었죠.

수단 남쪽에 사는 딩카족은 홍수를 피하려고
나뭇가지 위에 집을 지었어요.

집을 식물로

아주 먼 옛날, 인류는 식량을 모으기 위해 이리저리 옮겨 다녔어요. 약 1만 년 전 인류가
농사를 짓기 시작하면서, 사람들은 농작물을 재배하기 위해 한 장소에 머물러야만 했어요.
사람들은 마을과 촌락을 형성하며 정착했어요. 나무, 대나무, 잎, 풀, 짚 같은 식물을 이용해
집을 짓고 흙, 찰흙, 진흙, 심지어는 똥을 이용해 집을 고정했어요.

비바람에도 끄떡없는 재료

비바람을 막아 주고 집 안을 따뜻하게
하려면 지붕이 필요해요. 열대 지역에서
사람들은 전통적으로 지붕을 만들 때
야자나무 잎이나 바나나 나무의 잎을
재료로 사용해요. 집짓기 역사의 가장
초기 단계에서부터 지붕은 갈대나
다른 비슷한 재료로 이어서
만들었어요. 이 식물들을 채워
이으면 비바람이 몰아쳐도 안전하고
단단한 표면을 만들 수 있거든요.
고사리나 이끼도 우리의 쉼터를 감싸
따뜻하게 유지하는 데 쓰였어요.

16세기 영국의 작은 초가집

바나나 나무 잎

야자나무 잎

딱 맞는 나무

나무는 참 강하고 오래가요.
참나무와 단풍나무는 벽, 바닥,
천장 재료로 종종 쓰여요. 세계에서
가장 오래된 목조건물은 일본에 있는
호류사예요. 700년 전부터 지금까지
우뚝 서 있답니다. 사이프러스 종류 중
편백나무로 지어졌어요.

연필과 종이

자, 앉아서 쉴 시간이에요. 책을 읽거나 이야기를 만드는 활동을 할 수도 있어요.
예상했겠지만, 모두 식물에서 구할 수 있는 재료를 사용한 거예요.

필기도구

그림을 그리거나 색을 칠할 때 쓰는 연필은 향삼나무나 노간주나무로 만들어요.
연필 끝에 고무로 만든 지우개가 있어 가끔 실수했을 때 지울 수 있지요. 요즘
나오는 학용품 대부분은 플라스틱으로 만들었지만, 나무로 만든 자로도 똑바로
선을 긋고 길이를 잴 수 있어요. 이때 회양목이 많이 쓰여요.

종이 만들기

책이나 만화책부터 음식점 메뉴판과 박스에 이르기까지 일상에서 쓰는 종이는 대부분 나무로 만들어요. 나무의 종류가 다르면 종이의 질감도 달라져요. 소나무나 자작나무처럼 무른 나무는 긴 섬유를 가지고 있어서 더 단단한 종이를 만들 수 있어요. 딱딱한 나무의 섬유는 좀 더 짧지만 뭔가를 쓰거나 인쇄하는 데 필요한 종이를 만들 때 좋아요. 소나무, 자작나무, 유칼립투스 나무는 빨리 자라고 기르기 쉬워 종이를 만드는 데 완벽한 나무들이죠!

1. 펄프 기계에 들어간 통나무는 나무 펄프로 잘려요. 나무 펄프는 셀룰로오스라는 나무 펄프와 물, 화학약품이 섞인 축축한 나무 수프와 같아요!

2. 펄프가 준비되면 이것을 그물이 있는 체에 넓게 펼쳐서 평평하고 고르게 만들어요.

3. 종이가 다 마르면 10미터나 되는 거대한 돌림판에 종이를 돌돌 말아요.

4. 광택이 나게 마감재를 뿌리고 알록달록한 잉크를 뿌리면 종이는 책이나 잡지가 되는 거예요.

보통 나무 한 그루로 A4 용지 8,335장을 만들 수 있어요!

악단이 연주를 시작해요!

유명한 음악가인 펠릭스 멘델스존은 영국 버넘 비치스에서 너도밤나무 아래 자주 앉아 있곤
했어요. 멘델스존이 작곡한 관현악곡 「한여름 밤의 꿈」은 이 나무에서 영감을 많이 받았대요.
너도밤나무의 그루터기는 지금 영국 런던의 바비칸 센터에 남아 있지요. 이렇게 멋진 곡을
연주할 때 쓰는 악기도 종종 나무나 다른 식물로 만들어요. 여기 몇 가지 악기를 살펴봐요!

바이올린이나 첼로처럼 현악기를
연주할 때는 소나무 수액으로
만든 송진을 활에 문질러요. 더
좋은 소리를 내기 위해서예요.

'실로폰'이라는 말은 그리스어로
'나무 소리'를 뜻해요!
그렇다면 이 악기는 무엇으로 만
들었을까요?

옛날에는 피아노의 검은 건반을 흑단으로 만들었어요.
흑단은 그윽하고 어둡고 단단한 나무의 한 종류예요.
피아니스트의 피부에서 나오는 기름을 흡수하고
여러 번 쳐도 망가지지 않을 정도로 단단하다면
건반을 만들기에는 최고의 재료예요!
요즘 대부분의 피아노 건반은
플라스틱으로 만들어요.

대나무는 피리나 플루트처럼
관악기를 만들 때 쓰여요.

클라리넷이나 색소폰의 리드
(마우스피스)에는 물대가 쓰여요.

초기 축음기에는 부채선인장의
가시로 만든 바늘이 쓰였어요.
레코드판(축음기 음반)에는 목화로
만든 일종의 플라스틱이 쓰였을
거예요.

풀피리를 만들자

풀잎 하나만 있으면 음악을 할 수 있어요! 어떻게 하는지 알려 줄게요.

준비물

- ○ 풀잎
- ○ 양손

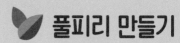
풀피리 만들기

1. 살짝 두꺼운 풀잎을 하나 준비해요.

2. 풀잎을 양손 엄지손가락 가운데에 두고 눌러서 쫙 펼쳐요.

3. 손을 동그랗게 모아 엄지손가락 첫 마디와 두 번째 마디 사이에 잎을 두고 쫙 펼치면서 눌러요. 두 엄지손가락 사이로 입술을 대고 불러요. 좀 더 연습하면 큰 소리를 낼 수 있어요. 다른 사람의 관심을 끌기에 딱 좋죠.

운동할 시간

단순한 공놀이부터 무척 박진감 넘치고 경쟁적인 테니스와 축구 같은 운동까지 전 세계
사람들은 스포츠를 사랑해요. 오늘날 우리가 쓰는 운동 도구는 대부분 식물로 만들어요.

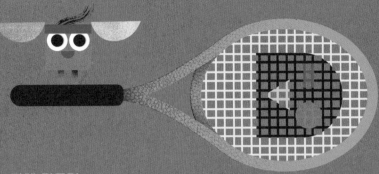

라켓 만들기

옛날 방식의 테니스 라켓과 스쿼시 라켓은 물푸레나무,
단풍나무, 양버즘나무, 서어나무, 히코리, 너도밤나무,
마호가니, 오베체 같은 나무로 만들어요. 이 나무들은 하키
스틱이나 야구방망이, 라크로스 스틱을 만들 때도 쓰지요.
큰 충격을 받아도 부러지지 않고 충격을 흡수하거든요.
같은 이유로 어떤 나무는 다른 나무보다 세찬 바람에도 더
유연하게 버틸 수 있어요.

크리켓도 살짝

크리켓도 식물을 정말 많이 사용한 스포츠예요. 크리켓
방망이는 버드나무로 만들어요. 이 나무는 공이 빠른
속도로 날아와 때리기 때문에 단단해야만 하죠. 라탄과
고무도 방망이의 다른 부분을 만드는 데 쓰여요. 가죽으로
둘러싼 공은 코르크와 모직으로 만들었지요. 스텀프와
베일은 물푸레나무로 만들어요.

공 튀기기

오늘날의 구기 종목도 고무나무에서 나온 고무가 있어야만 할 수 있어요. 축구, 농구, 테니스 공에 모두 쓰여서 공 안쪽의 공기가 바깥으로 빠져나가지 못하게 막고 탕탕 튀길 수 있게 해 줘요.

위험한 게임

고대 마야인도 고무가 꼭 필요한 공놀이를 했어요. 커다란 고무공을 손이나 바닥에 대지 않고 돌로 만든 고리 안에 집어넣는 게임이었어요. 어떤 역사가가 말하기를, 게임을 더 짜릿하게 하려고 게임에서 진 팀의 주장을 죽이기도 했대요!

식물 놀이터

콩 주머니로 공놀이하기

올림픽이 있기 전 고대 이집트 사람들은 곡식(밀 같은 씨앗)을 가득 채운 가방으로
역도 경기를 하곤 했어요. 여기서는 그것과 비슷한 종류의 게임을 소개할 거예요.
프랑스에서 하는 페탕크라는 공놀이와도 비슷하죠. 혼자 놀 수도 있고 친구랑
함께할 수도 있어요.

준비물

☐ 참가자당 최소 양말 한
   컬레씩(구멍 난 양말은
   안 돼요!)

☐ 콩이나 완두콩 한 자루

☐ 오렌지 하나(던져야 하니
   너무 익은 오렌지는 안 돼요.)

☐ 평평하고 개방된 장소.
   바깥이면 좋아요.

☐ 끈이나 케이블타이

안전 주의 공 던질 때 방향을 조심하세요!
절대 다른 사람을 향해서 던지면 안 돼요.

콩 주머니로 공놀이하는 법

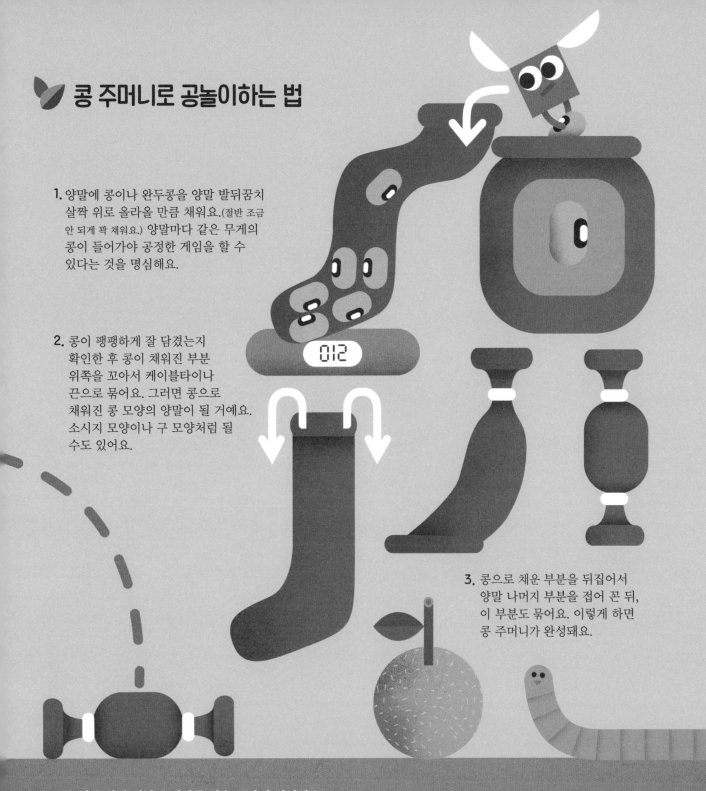

1. 양말에 콩이나 완두콩을 양말 발뒤꿈치 살짝 위로 올라올 만큼 채워요.(절반 조금 안 되게 꽉 채워요.) 양말마다 같은 무게의 콩이 들어가야 공정한 게임을 할 수 있다는 것을 명심해요.

2. 콩이 팽팽하게 잘 담겼는지 확인한 후 콩이 채워진 부분 위쪽을 꼬아서 케이블타이나 끈으로 묶어요. 그러면 콩으로 채워진 콩 모양의 양말이 될 거예요. 소시지 모양이나 구 모양처럼 될 수도 있어요.

3. 콩으로 채운 부분을 뒤집어서 양말 나머지 부분을 접어 꼰 뒤, 이 부분도 묶어요. 이렇게 하면 콩 주머니가 완성돼요.

4. 공놀이를 위해 먼저 오렌지를 넓은 공간에 던지세요.(사람이 다니는 길목에는 말고요!) 이 게임의 목표는 여러분이 만든 콩 주머니를 가능한 한 오렌지 가까이에 던지는 거예요. 팔을 내려서 던져도 되고 올려서 던져도 돼요. 원한다면 오렌지를 내버려 두고서 누가 가장 멀리 콩 주머니를 던지는지 볼 수도 있어요. 게임이 완전히 끝나면 콩 주머니에 들어 있던 콩을 심고 길러서 건강하게 수확할 수도 있겠지요.

4부

식물은 능력자

식물은 볼수록 참 아름다워요. 하지만 식물이 아름답기 때문에 지구에 있는 건 아니에요. 식물은 지구가 잘 살아가게 해요. 또 우리가 쓰는 통장부터 아플 때 먹는 약까지 식물은 과학기술 발전의 최첨단에 서 있어요. 우리는 이들 초록색 영웅이 무엇을 할 수 있는지 아직도 알아 가는 중이에요.

식물 기술은 똑똑해

과학이란 "실험과 관찰을 통해 얻은 사실을 토대로 자연에 대해 알아 가는 지식이나 연구"예요. 수천 년 동안 인류는 시행착오를 겪으며 과학 활동을 해 왔지요. 세계를 관찰하고 실험할 때마다 식물은 늘 우리와 함께였어요.

기발한 생각

1880년대, 발명가 루이스 하워드 래티머는 전구를 개발해 유명해진 발명가 토머스 에디슨과 함께 일했어요. 래티머는 에디슨의 디자인에서 불이 붙는 부분을 대나무 필라멘트로 바꿔서 성능을 높였어요. 이렇게 하면 필라멘트가 더 오래가거든요. 비록 나중에는 이것도 금속 텅스텐으로 바꾸고, 그다음에는 에너지를 절약할 수 있는 현대적인 전구로 바뀌었지만, 어쨌든 래티머의 발명은 효율적인 전등을 만드는 데 중요한 단계였답니다.

금 캐기

땅을 판다고 돈이 나오진 않지만,
금은 나온답니다! 최근 과학자들은 갓
같은 몇몇 식물이 땅에서 작은 은과
금 입자를 모아 쌓아 놓는다는 사실을
알아냈어요. '식물 채광'이라고 불리는
과정을 통해서 금속을 수확하고 전기를
만드는 데 쓸 수 있어요.

집에서 햇불 만들기

어두운 밤 폴리네시아에서 길을 잃었다면,
사모아 제도의 쿠쿠이나무로 손으로
드는 횃불을 만들 수 있어요! 코코넛 잎에
기름진 쿠쿠이나무 씨앗을 엮으면 불이
잘 붙고, 횃불도 아주 밝고 오래가요. 씨가
다 타고 남은 그을음은 모아서 문신용
잉크를 만들 때 쓰기도 해요.

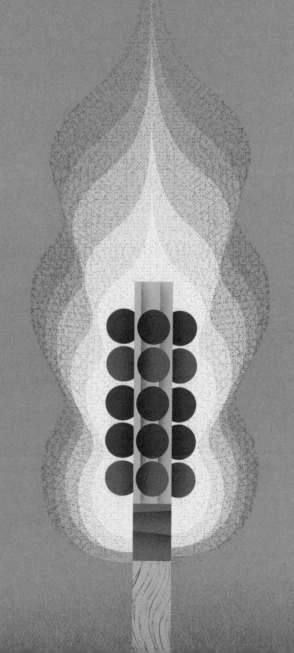

감자 발전소

평범한 감자가 사실 전기를 만들어 내는 발전소라는 거 알고 있었나요? 감자에 있는
수분에는 광물질이 많아서 전기가 잘 통해요. 미래에는 가전제품을 충전할 때 유기
전지의 한 종류로서 감자 발전소를 쓸 수도 있겠죠. 실험을 통해 여러분도 경험해 보세요.

준비물

- ☐ 큰 감자 1개
- ☐ 아주 작은 전구 1개
- ☐ 동전 2개
- ☐ 아연이 도금된 못 2개
- ☐ 구리선 3조각

안전 주의 전선을 다룰 때는 조심하세요. 전기가 약하게 흐르고 있거든요.

나만의 발전소 만들기

1. 감자를 반으로 잘라요. 각각의 반쪽에 동전이 들어갈 만한 크기의 틈을 가늘게 내요.

2. 동전 2개에 구리선을 몇 번 감아요. 같은 구리선을 쓰지 말고 서로 다른 조각을 사용해요.

3. 감자 반쪽 안에 만든 틈에다 동전을 끼워요.

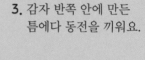

4. 아연이 도금된 못 하나에 세 번째 구리선을 돌돌 만 다음, 감자 반쪽 위에 박아 넣어요.

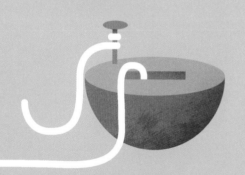

5. 감자에 박혀 있는 동전에 연결된 구리선 하나를 집어서 나머지 못 주변에 둘둘 감아요. 그 못을 다른 쪽 감자에 꽂아요.

6. 남은 2개의 구리선 끝을 전구에 연결하면 빛이 들어올 거예요.

사냥하고 싸우고

1만 년 전쯤 조상들은 곤봉, 창, 부메랑, 카일리(던지는 무기 중 하나) 같은 무기나
도구를 만들 때 나무를 사용했어요. 수천 년 동안 전 세계 군인은 멀리 있는 적에
대항하기 위해 때로는 말에 올라타 활과 화살을 이용해 싸웠지요.

먹잇감을 찾아 사냥하다

고대 인류는 먹잇감을 사냥하기
위해 날카로운 나무 창을 썼어요.
42만 년 전 호모 헤이델베르겐시스는
주목으로 창을 만들어 썼지요. 두껍고
빽빽한 매머드 가죽에 이 창의 끝을
찔러 넣으려면 사냥꾼은 이 거대한
동물에 아주 가까이 다가가야만
했어요.

활과 화살

주목으로 만든 긴 활은 강하고 유연해서
13세기와 16세기 사이 300년 동안
유럽에서 가장 치명적인 무기였어요.
이 활을 쓰면 200미터 바깥에 있는 적의
갑옷도 뚫을 수 있었죠. 때때로 궁수는
독성이 있는 주목의 수액에 화살촉을
담갔다가 빼서 쏘았어요. 더 치명적인
무기를 만들려고 그랬지요.

길을 밝히다

은고사리는 뉴질랜드 출신의 고사리예요. 마오리족 사냥꾼들은 밤에 사냥을 마치고 은고사리를 이용해 길을 찾았대요. 주변에 빛이 거의 없을 때에도 은고사리 잎 아래쪽이 잘 보이기 때문이에요. 이 방법으로 사냥꾼들은 횃불을 만들지 않고도 걸어갈 수 있었어요. 횃불을 밝히면 주변 동물이 연기와 밝은 빛 때문에 겁을 먹거든요.

닌자처럼

몰래 숨고 싶다면, 주변 환경을 이용하면 가장 좋아요. 자연에서 조용히 잠복해야 하는 군인에게 잎, 가지, 흙은 최고의 장비지요. 오늘날 군인 옷도 자연환경과 잘 섞일 수 있도록 종종 갈색과 초록색을 사용해 만들어요.

투명 잉크를 만들자

이 방법은 누군가에게 아주 중요하고 비밀스러운 메시지를 전할 때 유용해요.
다음 단계를 잘 보고 여러분만의 재밌는 메시지를 적어 보세요.

준비물

- ⭘ 레몬이나 양파 1개
- ⭘ 작은 그릇
- ⭘ 칼
- ⭘ 펜촉
- ⭘ 종이 1장
- ⭘ 레몬즙 짜개

안전 주의 레몬이나 양파를 자르고
짤 때는 어른에게 도와 달라고 하세요.

투명 잉크 만들기

1. 레몬이나 양파를 반으로 잘라요. 레몬즙 짜개를 이용해서 그릇에 즙을 짜내요.

2. 깨끗한 펜촉에 잉크를 묻히듯 짜낸 즙을 종이에 자유롭게 써 봐요.

3. 종이를 말리면 글귀가 사라질 거예요.

나무집에서 만나자

4. 종이를 불빛이나 난로에 가까이 대면 글귀가 다시 나타나요. 열에 가까이 가면 투명 잉크가 어두워지기 때문이에요.

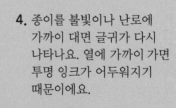

초록으로 치료하기

건강하고 균형 잡힌 식단을 먹고 운동을 충분히 해야 몸에 좋아요. 이런 걸 예방의학이라고 해요.
허브와 향신료는 영양소도 풍부하고 음식 맛을 좋게 만들지만, 약간의 약효도 있답니다.
'현대 의학의 아버지' 고대 그리스의 히포크라테스(기원전 460년~기원전 377년)는
"음식이 너의 약이 되게 하고, 약이 너의 음식이 되게 하라."라고도 말했어요.

치료의 역사

개똥쑥은 국화과 허브예요. 중국에서는
2,000년 동안 열을 내리고, 염증을
가라앉히고, 말라리아를 치료하는 데
쓰였어요. 개똥쑥에는 말라리아를 치료하는
데 효과적인 아르테미시닌이 들어 있어요.

식물 의사

백자작나무 껍질에는 항암 효과가
있는 베툴산이 들어 있어요.
라탄은 야외용 가구를 만들 때
자주 쓰이지만 뼈가 골절되었을
때 치료용으로도 쓰여요. 라탄은
뼈와 질감이나 유연한 정도가
비슷해서 뼈가 다시 자라는 것을
도와준다고 해요.

라탄

백자작나무

개똥쑥

잘 시간이야

맨드레이크는 약간 사람처럼 생긴 뿌리예요. 중세시대에 맨드레이크에 히오스신이라는 아주 강력한 성분이 있다는 게 알려졌어요. 이 약은 아주 강력해서 사람을 며칠 동안 업어 가도 모를 만큼 깊이 재울 수 있었어요. 세계 최초로 마취제가 발견된 거지요!

양귀비

양귀비는 최소 3,500년간 진통제로 쓰였어요.

상처를 치료하다

물이끼는 수천 년 동안 상처 부위에서 나는 피를 멎게 하려고 쓰였어요. 이 이끼는 흡수력이 아주 좋고 세균을 죽여요. 오늘날 피부 이식을 한 뒤에는 해초에서 추출한 물질이 포함된 붕대를 사용해요. 상처 회복에 도움이 되거든요. 피부 이식이란 의사 선생님이 몸의 한 부분에 있는 피부를 떼어서 다른 부분에 있는 상처에 쓰는 걸 말해요.

맨드레이크

물이끼

107

식물로 말해요

식물은 사람들과 오랜 시간을 함께하면서 언어에도 깊숙이 스며들었어요. 커다란 나무에서 블루벨 숲까지 식물이 종종 한 지역을 대표하는 상징물(랜드마크)이 되기 때문이에요. 말과 지역 이름에도 오래전부터 써 온 흔적이 남아 있어요. 지역 이름 중 대다수는 자연의 어떤 것을 가리키는 경우가 많지요. '할리우드'라는 이름을 보세요.

빨간 장미
사랑

노란 장미
우정

참나리
부

물망초
기억

보라색 히아신스
미안해

꽃말

빅토리아 시대 사람들은 부케에 여러 종류의 꽃을 담아 메시지를 전달하기 위해 꽃의 언어, 꽃말을 만들었어요.

108

깃발을 휘날리며

국기에는 종종 식물이 들어가요. 해당 식물이 평화(올리브 가지)나 힘(참나무)을 상징하기도 하고,
그 나라에서 특히 중요한 농작물이나 음식을 나타내기 때문이에요.

캐나다, 단풍나무 잎

에리트레아, 올리브 가지

레바논, 삼나무

그레나다, 육두구 쪽

페루, 기나나무

멕시코, 선인장

국가의 자랑

대다수 나라에는 나라를 상징하는 공식적인 꽃이나 식물이 있어요.
인도네시아는 하나만 고르지 못해서 세 개나 있답니다!

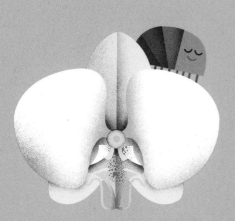

달 난초

라플레시아

재스민

자, 떠나자!

무얼 타고 여행하든지 상관없이 항상 식물이 여행하는 데 함께해요. 과거에 사람들은 자연에서 구한 재료만 쓸 수 있었기에 한때는 바퀴나 심지어 비행기 날개도 나무로 된 걸 썼어요. 타이어는 나무에서 온 고무로 만들곤 하죠.

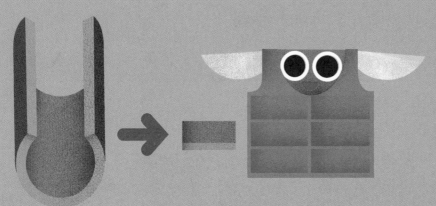

둥둥 뜨는 나무껍질

코르크는 코르크참나무 나무껍질로 만들어요. 이 나무껍질은 무척 독특해서 가볍고, 방수도 되고, 내구성도 좋고, 산불로부터 나무를 보호해 줘요. 포도주 병에 쓰이는 코르크를 본 적이 있을 거예요. 이외에도 코르크는 구명조끼, 건물, 신발, 우주선의 열차폐로도 쓰인답니다!

둥둥 떠다니는 마을

짚을 엮어서 만든 지붕을 본 적 있을 거예요. 그런데 짚으로 탈 것을 만들 수도 있어요. 페루 티티카카 호수에 사는 우로스 사람들은 토토라 갈대를 이용해 배를 만들고 심지어는 이 유용한 식물을 이용해서 떠다니는 집도 만들어요.

헨리 8세의 유명한 전함 메리 로즈호를 만드는 데 잉글랜드 남쪽 지방의 약 600여 개의 거대한 참나무가 쓰였어요. 이 배는 1545년 전투 중 안타깝게 가라앉았지요.

110

늘어나고 줄어들고

타이어부터 발 매트까지, 또 차의 부품을 만들 때에도 고무가 쓰여요. 올멕, 마야, 아즈텍 문명에서 처음 쓰였지요. 이들은 옷을 방수처리 하기 위해 고무나무의 수액인 라텍스를 사용했어요. 라텍스를 발에 부어서 방수 신발을 만들기도 했지요! 지금 우리가 신는 신발 밑창에도 고무가 들어 있어요.

화석 연료

연료란 타면서 에너지를 내는 거예요. 때때로 식물과 동물이 죽고 난 뒤에 공기가 거의 없는 얕은 물로 이들의 사체가 떨어지곤 해요. 공기는 분해를 도와줘요. 수억 년이 넘는 시간 동안, 에너지가 무척 풍부한 재료 층이 두껍게 모양을 이루고 위에 있는 지표의 무게에 짓눌려 잔뜩 으스러져요. 결국 이 압력으로 화석 연료가 만들어진답니다.

식물 연료는 강력해

야자나무, 조류, 대두, 사탕수수에서 얻은 기름으로 자동차나 트럭의 디젤엔진을 움직일 수 있어요. 이 재료들은 용광로의 불을 지필 때도 쓰여요. 석유와 섞어서 바이오디젤 같은 연료를 만들 때도 쓰지요. 1892년쯤 독일의 과학자이자 발명가였던 루돌프 디젤은 땅콩기름을 사용하는 엔진을 발명했어요. 요즘에는 썩은 식물에서 나오는 바이오가스를 연료로 쓰기도 해요. 약간의 조정을 하기만 하면, 여러분도 식물 연료로 차를 운전할 수 있어요.

환경이 오염된다면?

환경이 조금이라도 오염된다면 어떻게 될까요? 자연스럽게 식물의 몸으로
흡수되고 동물은 오염된 식물을 먹고, 이런 과정이 전체 먹이 그물 안에서 계속될
거예요. 농부들은 가끔 곤충으로부터 농작물을 보호하기 위해 살충제를 사용해요.
이 화학물질은 사람과 동물에게 유독할 수 있어요. 오염이 무척 심한 땅에서는,
커다란 지렁이 11개의 몸에 울새 1마리(10분 만에 벌레를 많이 먹을 수 있음)를
죽일 정도의 살충제가 있어요.

유기농

땅, 공기, 물에 해가 되는 건 뭐든지
간에 오염이라고 해요. 요즘은 농사할
때 쓰는 화학물질을 엄격히 규제해요.
농작물을 기를 때 화학약품을 전혀
사용하지 않기도 해요. 이를 두고
유기농이라고 하지요.

112

레이첼 카슨

해양생물학자이자 환경보호 활동가
레이첼 카슨 덕분에 우리는 화학약품이
일으키는 오염에 대해 알게 되었어요.
1962년에 카슨은 『침묵의 봄』이라는 책을
펴냈어요. 이 책은 농부가 쓴 살충제가
어떻게 곤충을 죽이고 먹이 사슬에 들어가
인간과 동물에게도 해를 입히는지를 보여
줬어요. 카슨은 DDT라는 살충제를 한
번만 써도 수개월 동안 곤충을 죽일 뿐만
아니라 한참 동안 환경에 남아 있다는
사실을 알아냈어요. 화학약품 회사에서는
카슨의 연구를 몹시 싫어했지만, 그 덕에
환경 운동이 새롭게 시작되었지요.

함께 지구를 지켜요

나무와 식물 사이에서 살고 일하는 것이 더 좋다는 건 누구나 알고 있어요. 숨을 쉴 수 있는 산소도 주고, 집과 도시를 아름답게 해 주고, 공기 오염도 줄여 주니까요.

한 줄기의 희망

어떤 식물은 핵방사선 같은 독성 물질을 빨아들여요. 2011년 일본에서 후쿠시마 원자력발전소가 폭발해 방사성물질이 물과 땅으로 새어 나오는 재난이 있었지요. 해바라기 씨앗 1만 통이 일본으로 보내졌어요. 이 밝고 노란 꽃은 지역사회의 회복을 기원하는 바람도 나타내지만, 방사성물질을 흡수해서 땅이 생명력을 되찾는 데에도 도움을 줘요.

해변 지킴이

맹그로브는 키가 크고 가지 같은 뿌리가 있는 열대식물이에요. 바다나 바다와 강이 만나는 강어귀에서 자라지요. 맹그로브는 말 그대로 해변을 꼭 붙들어 매서 씻겨나지 않게 함으로써 섬이나 해변에 사는 동식물을 보호해요. 비슷한 지역이지만 맹그로브가 살 수 없는 곳에 맹그로브와 닮은 인공물을 사용하기도 해요. 생체모방의 한 예지요.

잎이 날씨를 바꿀 수 있을까?

숲은 습도가 높아서 증발산(식물의 잎과 흙에서 수증기가
증발한 것)에 의해 나무 위에 구름이 많이 만들어져요.
비가 오면 물은 나무뿌리로 흘러가 흡수되고, 이렇게
흡수된 물은 다시 잎으로 올라가 공기 중으로
증발하면서 전체 물이 순환돼요. 나무가 없으면
숲의 물이 순환할 때 고장이 나서 중요한 영양분이
나무뿌리로 흡수되지 못하고 강으로 흘러가 버려요.
이러한 현상이 너무 자주 일어나면 전체 환경이
건조해져서 사막처럼 변해요. 그러면 더는
생물이 함께 살아갈 수 없어요.

식물 놀이터

우리 동네의 살아 있는 상징물

식물들은 계절마다 바뀌어요. 동네 길을 따라가며 주변의 살아 있는
상징물(랜드마크)을 배워 볼 거예요. 이렇게 환경친화적인 활동을 통해서
주변 식물을 알아보아요.

준비물

☐ 동네 지도
☐ 공책과 연필
☐ 편안한 신발
☐ 카메라(선택 사항)
☐ 함께 다닐 어른

4. 길거리나 정원에서 재밌는
나무나 식물을 발견하면
그 위치를 지도에 표시해요.
식물의 종류를 잘 모르겠다면,
공책에 잎을 그리거나
사진을 찍어 와요.

🌱 하는 법

1. 동네 지도를 인쇄해서
공책에 붙여요. 가능한
한 크게 인쇄해요. 그
위에 필기하고 이름표도
붙일 거예요.

2. 여러분과 함께 출발할
파트너를 가족 중에서
선택해요. 1시간 정도
밖에 있을 거예요.

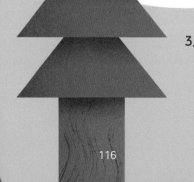

3. 방향을 정하고 1킬로미터 정도를
걸어 봐요. 보통 19분 정도 걸릴 텐데,
식물을 보느라 중간중간 멈출지도
몰라요.

5. 식물 주변에서 벌, 파리,
   나비, 새 같은 동물을 볼
   수도 있어요. 동물 친구들도
   공책에 적어 둬요. 지도가
   점점 더 자세해질 거예요.

6. 한 계절당 한 번은 꼭 걸어
   봐요. 서로 다른 시간에
   식물이 각각 어떻게
   보이는지, 그들의 생애
   주기를 더 잘 알게 될
   거예요.

7. 집에 도착하면 사진을
   찍거나 공책에 그린
   식물을 인터넷이나
   휴대전화 애플리케이션으로
   알아보아요.

8. 커다란 나무 말고도 작은
   식물과 꽃을 보는 것도
   잊지 마세요.

미래는 푸르다

수천 년 동안 사람들은 가장 좋은 약, 음식, 연료, 맛, 섬유를 얻기 위해 자연을 돌보아 왔어요. 아마도 우리는 문제를 해결하고 치료하기 위해서 식물의 삶을 계속 들여다볼 거예요. 우리의 후손과 후손의 후손도 마찬가지로 자신들의 삶을 지탱하기 위해 식물에 의존할 거예요.

집에서 기르기

현대의 농업은 점점 더 커지고 효율적으로 바뀌었어요. 하지만 여전히 작은 지역사회 규모의 농사와 정원이 식물 기르기엔 가장 좋은 방법이라고 말하는 사람들이 많아요. 우리는 쌀, 밀, 옥수수에서 전체 열량의 약 60퍼센트를 얻지만, 선택할 수 있는 수천 가지의 식물이 더 있어요. 기후 변화나 질병에 강하면서 영양가도 풍부한 조류와 같은 식물을 택할 수도 있지요. 직접 식물을 기르면 무엇을 기르고 먹을지 스스로 선택할 수 있어요.

미래의 농사

여전히 야생에서 자라는 식물도 있지만, 우리는 과거 여느 때보다도 더 조심스럽게 식물을 길러내고 있어요. 실내에서 식물과 허브를 기르는 곳이 많은데요. 이곳에서는 컴퓨터와 로봇을 이용해서 물과 비료를 정확하게 측정하고 햇빛 대신에 LED 불빛을 사용해요. 플라스틱이 지구를 아프게 한다는 사실이 점점 더 많이 알려지는 상황에서, 이제 자연적이고 생분해적인 재료와 기술로 돌아가야 하지 않을까요?

환경 보전

세계 식물의 21퍼센트는 현재 멸종 위기예요.
그러니 환경을 보전(지속가능하고 분별 있게
자연을 현명하게 사용하는 것)하고 보호하는 일은
무척 중요해요. 음식을 만들 때 쓸 야자나무
기름을 얻기 위해 고대의 숲이 파괴돼요.
오랑우탄이 집을 잃었지요. 햄버거에 들어갈
고기를 만들기 위해 열대우림을 소 목장으로
바꾸고, 바이오 연료와 플라스틱을 얻기
위해 대두, 사탕수수, 옥수수 같은 곡물을
키우는 대규모 논밭을 만들어요. 한때는
바이오 연료를 사용하는 것이 환경에 좋다고
생각했지만('탄소 중립' 때문에), 실제로는 대기
중에 이산화탄소가 내뿜어져서 환경오염이
훨씬 악화된대요.

기억하기

만약 인간이 갑자기 사라진다면, 식물은
괜찮을 거예요. 어쩌면 더 살기 좋을지도
몰라요! 하지만 식물이 갑자기 사라진다면,
우리는 단 몇 분도 살아갈 수 없어요.
우리에게는 자연을 존중하고 우리 일상으로
식물을 다시 가져와야 할 의무가 있어요.

식물 시상식

세상에서 가장 오래된 식물은?

강털소나무. 캘리포니아 화이트 마운틴에서
자라는 이 나무는 세계에서 가장 오래된
나무로 나이가 5,000살도 넘는대요.

세상에서 가장 느리게 자라는 식물은?

지의류. 이 알록달록한 식물 중 몇몇은 너무
느리게 자라서 동전 크기 정도 자라는 데에
10년 넘게 걸린대요.

가장 넓게 자라는 나무는?

콜카타 인디언 보태닉 가든에 있는 바냔나무.
최소 1787년에 심어진, 뿌리 1,775개
둘레 410미터의 나무!

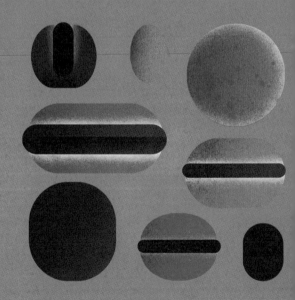

가장 해외여행을 많이 다니는 식물은?

바닷가로 밀려오는 콩. 세상에서 가장 큰 콩
꼬투리(어떤 건 2미터도 넘어요)부터 반짝거리는
자그마한 콩까지 이들은 바다를 건너 거대한
여정을 거쳐요. 몇 주간 물에 둥둥 떠다니고
나면 콩을 둘러싼 껍질이 썩으면서 씨앗만
남게 되지요. 혼자 남은 씨앗은 1년 이상
떠다닐 수 있어요. 수천 킬로미터를 여행하고
나서도 따뜻한 열대 해변에 도착하면 씨앗은
여전히 자랄 수 있어요.

세상에서 가장 키가 큰 나무는?
미국 캘리포니아의 세쿼이아.
세쿼이아 중 하나는 키가 113미터이고
약 1,000살이나 먹었어요!

가장 빠르게 자라는 나무는?
자이언트 대나무. 이 대나무는 모든 조건이 갖춰지면
하루 만에 1미터도 자라요. 자이언트 대나무는 30미터까지
자랄 수 있고 각각의 줄기 둘레는 20센티미터까지도 가요.
딱 봤을 때 풀이라기보다는 나무에 더 가까워 보여요.

용어 사전

광합성
식물세포 안에서 일어나는 과정으로, 이 과정을 통해
태양에너지, 물, 이산화탄소, 영양분이 당분으로 바뀐다.

굴광성
빛이 있는 쪽으로 움직이거나 성장하려는 것.

꽃가루매개자
박쥐와 벌처럼 식물을 수분시키는 동물.

낙엽성
겨울철 추운 날씨로부터 잎을 보호하기 위해 가을에
잎을 떨어뜨리는 나무나 관목.

덩이줄기
양분을 저장하거나 새로운 식물을 자라게 하려고 변한
줄기나 뿌리.

독성
독을 가진 것. 독이란 많은 양이 몸 안으로 들어갔을 때
아프거나 죽을 수 있는 물질을 말한다.

먹이 그물
서로서로 연결된 여러 개의 먹이 사슬.

먹이 사슬
유기체가 먹히는 순서에 따라 배열하고 묘사하는 방법.

멸종
한 종의 모든 개체가 죽고 이를 되돌이킬 수 없을 때.

무기농
자연에서 얻은 것이 아닌 화학물질로 농사를 짓는 것이나
그렇게 해서 생산한 음식.

민족식물학
사람들이 삶에서 식물을 사용하는 여러 방법을 연구하는 학문.

박물학자
자연의 역사(자연학과 야생)를 잘 아는 학생이나 전문가.

방출하다
배출하거나 몰아내는 것.

보전
천연자원을 보호하기 위해 신중히 계획하여 관리하는 것.

보존
어떤 것을 원래 상태로 보호하는 것.

분류학자
생물을 집단으로 나누고 각각의 관계와 기원을 연구하는
과학자.

살충제
원하지 않는 동물, 식물, 곰팡이를 죽이는 화학물질.
이것을 잘못 사용하거나 일정 기준보다 많이 사용하면
오염을 유발할 수 있다.

상록수
특정한 기간 잎을 전혀 떨어뜨리지 않는 나무나 관목의 종류.

생체모방
자연에서 아이디어를 얻어 새로운 발명이나 기술을 만들어
내는 과학.

생태계
특정한 지역의 생물과 날씨, 흙의 종류처럼 생물에게 영향을
주는 모든 것.

수분
씨앗이 만들어지는 과정에서 꽃가루가 한 꽃의 꽃밥에서
다른 꽃의 암술머리로 옮겨지는 과정. 이 과정이 같은
꽃 안에서 일어나면 자가수분이라고 한다.

식용
먹을 수 있는 것. 독이 없다고 해서 맛있다는 것은 아니다.

에너지
어떤 것을 움직이고, 자라고, 따뜻하게 하는 우주의 성질.

열대
적도 주변 지역의 기후. 평균 섭씨 18.4도로 보통 덥고
습하다. 건기와 우기가 있다.

엽록소
식물세포 안의 초록 물질로 태양에너지로 영양분을
만들어 내는 능력이 있다.

엽록체
식물세포 안의 구조로 엽록소가 있는 곳.

영양분
흙 속의 광물질, 우리 밥상의 비타민처럼 생물이
잘 자라도록 도와주는 물질.

오염
생명체에 해가 되는 물질이 환경에 존재하거나 쌓이는 것.

온대
너무 춥거나 너무 덥지 않은 지구의 온화한 지역. 극지방과
열대 지방 사이에 위치하며 사계절이 있다.

왜소화
식물이 보통의 자기 종보다 크기가 작은 것. 유전적 돌연변이를
이용해 일부러 왜소 식물을 육종할 수 있다.

유기농
화학물질을 전혀 사용하지 않거나 자연에서 얻은 화학물질을
이용한 농사, 혹은 그렇게 해서 생산한 음식.

육식성
고기만 먹는 것. 육식성 혹은 식충성 식물은 곤충의 피를
소화시킬 수 있다.

적응
생물이 주변 환경에 알맞게 되어 가는 과정. 평생 이루어지기도
하고, 진화해 가며 여러 세대에 걸쳐 이루어지기도 한다.

점도
액체(혹은 기체)가 끈적한 정도. 예를 들어 물은 꿀보다 점도가
낮고, 땅콩버터는 꿀과 물보다 점도가 높다.

증발산
식물의 증산작용과 물의 증발을 거쳐 수분이 땅에서 대기로
이동하는 과정.

증산
식물의 뿌리에서 잎으로 물이 이동하여 잎에서 증발하는 과정.

지속가능성
환경을 영구적으로 손상하거나 자원을 결핍시키지 않고
살고, 수확하고, 농사를 짓는 방법.

진화
유기체가 유전암호 안의 변화를 물려줌으로써 세대를
거치며 점진적으로 변화가 일어나는 과정. 이를 통해
새로운 종이 탄생한다.

초식성
식물만 먹는 것.

추출물
어떤 것에서 뽑아낸 물질.

폭발성
어떤 계기가 생기면 폭발할 수 있는 것.

해동, 해빙
녹는 것.

화석
아주 오래전에 살았던 유기체가 남긴 흔적.

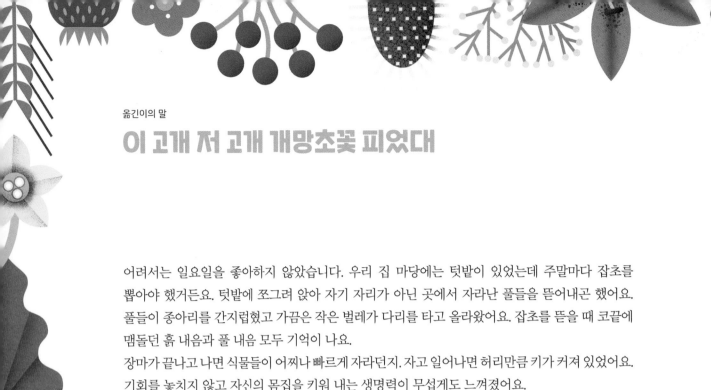

옮긴이의 말

이 고개 저 고개 개망초꽃 피었대

어려서는 일요일을 좋아하지 않았습니다. 우리 집 마당에는 텃밭이 있었는데 주말마다 잡초를 뽑아야 했거든요. 텃밭에 쪼그려 앉아 자기 자리가 아닌 곳에서 자라난 풀들을 뜯어내곤 했어요. 풀들이 종아리를 간지럽혔고 가끔은 작은 벌레가 다리를 타고 올라왔어요. 잡초를 뜯을 때 코끝에 맴돌던 흙 내음과 풀 내음 모두 기억이 나요.

장마가 끝나고 나면 식물들이 어찌나 빠르게 자라던지. 자고 일어나면 허리만큼 키가 커져 있었어요. 기회를 놓치지 않고 자신의 몸집을 키워 내는 생명력이 무섭게도 느껴졌어요.

텃밭의 주인공은 상추, 쑥갓, 고추 따위였어요. 직접 키운 채소는 시장에서 사다 먹는 것보다 훨씬 부드럽고 달았습니다. 심심하면 상추와 쑥갓을 뽑아다가 씻어서 텔레비전을 보면서 고추장에 찍어 먹었어요.

씨를 뿌린 적이 없지만 계절마다 마당에 꽃을 피우는 다양한 잡초를 보며 지냈어요. 노란 민들레는 꽃을 피우고 솜사탕 같은 꽃씨를 만들었어요. 볼 때마다 줄기를 끊어 민들레 꽃씨를 후후 불며 날리곤 했어요. 새빨간 맨드라미 꽃도 보았어요. 맨드라미 꽃은 닭 볏처럼 붉고 꼬불거려서 징그 럽다고 생각했어요. 여름에는 봉선화 잎과 꽃을 따다 손톱을 붉게 물들였지요. 봉선화 씨앗은 만져 볼라치면 쉽게 터졌어요.

재미있는 이름을 가진 식물도 많습니다. 샛노란 꽃을 피우는 애기똥풀. 줄기를 끊으면 노란 액이 나오는데 이게 아가의 똥 같다고 해서 애기똥풀이라는 이름이 붙여졌대요. 할미꽃은 꼬부랑 할머 니처럼 꽃대가 아래를 향해 휘었고요. 보라색 꽃잎에 희끗희끗한 털이 나 있어요. 유독 무덤가에 서 잘 자라지요. 이외에도 돼지풀, 개구리밥, 며느리밑씻개, 아왜나무, 꽝꽝나무 등등…….

개망초 이야기를 소개해 볼게요. 개망초는 우리 주변에 가장 흔한 잡초 중 하나입니다. 길거리를 지나다니다 보면 꼭 발견할 수 있어요. 이름은 처음 들어도 모습을 보면 쉽게 알아차릴 거예요. 개망초는 계란후라이를 꼭 닮아서 계란꽃 혹은 달걀꽃이라고도 불러요. 생명력이 워낙 좋아서 도시며 시골이며 상관없이 어디서든 잘 자라요. 보도블록 사이를 뚫고 올라오기도 하죠.

'개'는 보통 못된 것, 나쁜 것, 하잘것없는 것에 붙이는 말이지요. 개망초는 일본을 거쳐 한국에 들어왔는데요. 일제강점기 때 개망초가 토종 풀을 제치고 산과 들 곳곳에서 자라나자 사람들은 우리나라를 망하게 하려고 일본이 일부러 씨를 퍼뜨린 거라며 개망초에게 '망국초'라는 이름을 붙이게 되었어요. 당시 사람들에겐 뽑아도 뽑아도 뒤돌아서면 다시 자라나는 개망초가 무척 미웠던 것이지요.

유강희 시인은 시 「개망초」에서 이렇게 썼어요.

> 이 고개 저 고개 개망초꽃 피었대
> 밥풀같이 방울방울 피었대
> 낮이나 밤이나 무섭지도 않은지
> 지지배들 얼굴마냥 아무렇게나
> 아무렇게나 살드래
> 누가 데려가 주지 않아도
> 왜정 때 큰고모 밥풀 주워 먹다
> 들키었다는 그 눈망울
> 얼크러지듯 얼크러지듯
> 그냥 그렇게 피었대

이처럼 우리말로 된 식물의 이름에는 이야기가 있습니다. 이름의 기원을 따라가 보면 자연스레 그 이름을 붙인 사람들과 그들 주변의 이야기를 알게 되지요. 식물은 주변 환경을 닮아가니까요. 『우리는 아침으로 햇빛을 먹어요!』에는 주로 영국에서 흔히 발견할 수 있는 식물이 나와요. 책을 쓴 작가가 영국인이거든요. 그러니 책에 등장하는 식물 중 낯선 것이 있더라도 걱정하지 마세요. 단지 사는 곳이 달라서 잘 모르는 것일 뿐이니까요. 여러분 주변을 걸으며 개망초꽃 같은 식물을 찾아보고, 이름의 유래도 알아보세요. 재미있을 거예요!
출판사로부터 처음 이 책을 받고 한눈에 반했던 기억이 나요. 다정한 작가와 아름다운 그림, 그리고 사각거리는 종이의 질감까지 마음에 쏙 들었어요. 책을 번역하면서 행복했습니다. 이 책에는 감탄할 만한 부분이 참 많지만 그중에서도 제가 가장 좋아하는 구절은 다음의 구절이에요.

> 잡초는 '잘못된' 장소에서 자라나는 야생식물이에요. 이 말은 잡초가 '올바른' 장소에서 자라는 식물과 경쟁한다는 의미이고, 곧 어떤 식물이든 잡초가 될 수 있다는 것을 의미해요. 잡초의 씨앗은 흙 속에 수년 동안 잠자고 있다가, 딱 맞는 환경이 되면 갑자기 나타날 수 있어요.

어떤 식물이 잡초가 되는 이유는 단지 인간이 의도하지 않은 곳에서 자랐기 때문이라는 말이지요. 어렸을 적 제가 텃밭에서 상추, 쑥갓, 고추가 아니라 민들레, 맨드라미, 개망초를 키웠다면 상추, 쑥갓, 고추가 잡초가 되었을 거예요. 저는 쑥갓이 아니라 개망초를 고추장에 찍어 먹었을지도 몰라요. 자연에는 정답이 없습니다. 여러분 안의 씨앗이 잘 자랄 수 있는 각자의 '올바른' 장소를 가지길 바랍니다. 수년 동안 잠자고 있더라도요!

옮긴이 하미나